Muheruki Paluku

Problemas e impactos do efluente da empresa Pharmakina

Muheruki Paluku

Problemas e impactos do efluente da empresa Pharmakina

sobre a biodiversidade da zona costeira do Lago Kivu Caso do distrito de Mulambula

ScienciaScripts

Imprint

Cover image: www.ingimage.com

This book is a translation from the original published under ISBN 978-620-7-99912-5.

Publisher:
Sciencia Scripts
is a trademark of
Dodo Books Indian Ocean Ltd. and OmniScriptum S.R.L publishing group

120 High Road, East Finchley, London, N2 9ED, United Kingdom
Str. Armeneasca 28/1, office 1, Chisinau MD-2012, Republic of Moldova, Europe
Printed at: see last page
ISBN: 978-620-8-29756-5

Problemas e impactos dos efluentes da empresa Pharmakina sobre a biodiversidade da zona costeira do lago Kivu: caso do distrito de Mulambula

Por MUHERUKI PALUKU I, KAVIRA KASOGHO VICTOIRE I, NGUBA BAROKIBERTIN1, GLOIRE SAFARI NTAITUNDA 2, CHRISTIANT KABATI 2 e KIZUNGU MULANGANE EMMANUEL 3

Instituto Superior Pedagógico e Técnico ISPT GOMA 1

Universidade de Desenvolvimento Sustentável da África Central UDDAC 2

Centro de Investigação Agro-Alimentar de Lubumbashi Extensão de Lwiro 3

RESUMO

A água disponível para o homem, e também para o resto do ecossistema, representa menos do que o volume total de água doce existente na Terra. A qualidade da parte disponível e potencialmente utilizável pelo homem não pára de se deteriorar, por vezes de forma irreversível. A capacidade de produção é ultrapassada devido às nossas descargas tóxicas líquidas, sólidas ou gasosas, cada vez mais importantes.

A fim de contribuir para o conhecimento da qualidade biológica e físico-química dos ecossistemas aquáticos, o estudo do Lago Kivu no Kivu Sul na zona costeira do distrito de Mulambula, na comuna de Bagira, cidade de Bukavu é essencial. Este trabalho visa caraterizar o mecanismo do ecossistema através do acompanhamento da interação entre os dois elementos bióticos (biodiversidade) e abióticos (factores ambientais) susceptíveis de provocar a sua modificação ou desenvolvimento e de os controlar. As análises físico-químicas dos efluentes da empresa PHARMAKINA e das águas da zona costeira do Lago Kivu na parte que toca o distrito de Mulambula foram efectuadas durante o ano de 2023. As medições dos parâmetros físico-químicos das águas da zona costeira do Lago KIVU ao nível do Epilimnion (Temperatura, pH, oxigénio dissolvido, condutividade, cor, odor, sabor) dão os seguintes resultados: uma temperatura da água desfavorável às actividades biológicas, um pH alcalino, uma forte mineralização, baixos teores de oxigénio dissolvido, turbidez acima das normas da OMS, cor, odor e sabor dos efluentes. Constata-se o fenómeno de alteração dos parâmetros físico-químicos das águas da zona costeira do Lago KIVU no distrito de Mulambula, o que cria condições ineficazes para a vida da biodiversidade e múltiplos problemas para a biodiversidade do LAGO KIVU

Índice

RESUMO 2

CAPÍTULO 1: REVISÃO DA LITERATURA TEÓRICA E EMPÍRICA 19

CAPÍTULO 2: P RESENTAÇÃO DO AMBIENTE DE ESTUDO E DA METODOLOGIA. 55

CAPÍTULO 3: ANÁLISE DOS DADOS E INTERPRETAÇÃO DOS RESULTADOS 72

CAPÍTULO 4: DISCUSSÃO DOS RESULTADOS E RECOMENDAÇÕES 78

RECOMENDAÇÕES 89

CONCLUSÃO GERAL 90

BIBLIOGRAFIA 92

1. PROBLEMÁTICO

A preservação dos recursos de água doce exige a mobilização e a educação de todas as partes interessadas em todo o mundo que utilizam o recurso natural "inesgotável". De acordo com Camdessus et al. (2004), "Água é vida! A falta de água é sinónimo de doença e morte! ". De facto, a água é uma fonte de vida, pois contribui para a saúde humana, para o crescimento económico e para um melhor ambiente. No entanto, é também o agente de propagação de infecções e pode também causar doenças e mesmo a morte em determinadas situações.

Em todo o mundo, a gestão dos efluentes constitui um desafio notável que deve ser enfrentado para garantir um ambiente adequado à vida das espécies aquáticas e das populações que delas dependem. Este desafio, embora comum aos países do Norte e do Sul, é muito agudo nos países do Sul, embora estes sejam aparentemente menos poluentes do que os do Norte, dadas as infra-estruturas de produção de que dispõem. De facto, a produção de efluentes pelas indústrias é um corolário do modernismo que continua a ganhar importância dado que a tendência humana é produzir e consumir mais, sobretudo nas cidades.

Se as cidades dos países do Norte parecem ser capazes de absorver a poluição produzida, beneficiando da experiência de pessoal competente, de financiamentos quase permanentes e de uma opinião pública muito sensível às questões ambientais, por outro lado, as cidades dos países em desenvolvimento em geral e da República Democrática do Congo (RDC) em particular, incluindo Bukavu, vivem situações dramáticas.

Uma rápida panorâmica das catástrofes em Bukavu pode indicar que as inundações e a erosão são fenómenos que os habitantes de Bukavu enfrentam frequentemente, dada a elevada pluviosidade e a natureza acidentada da cidade, construída a uma altitude de 1600 m.

A sua posição geográfica confinada entre o lago Kivu e a cordilheira montanhosa não permite a sua expansão, o que significa que a área adquirida aquando da descolonização (1960) constitui até agora a mesma superfície da cidade; daí a corrida a todos os espaços verdes, incluindo os que não são adequados para a construção e dos quais o lago Kivu se tornou um caixote do lixo não só para a população mas também para as indústrias que aí despejam os seus resíduos (sobretudo líquidos) sem tratamento prévio.

De facto, apesar das importantes reservas de água doce que a RDC e Bukavu possuem, a taxa de acessibilidade à água e ao saneamento, que está mal documentada, apresenta sintomas alarmantes. Mais de metade da população (53,5%) não tem acesso a água potável; 22,7% dos agregados familiares utilizam casas de banho higiénicas; 15% dos agregados familiares têm um local para lavar as mãos (PNHAB, 2013)[1] . Assim, os habitantes estão dispostos a recorrer a outras fontes de abastecimento de água não tratada, como a água da chuva, a água dos lagos, as nascentes e os rios, para compensar o défice da REGIDESO, a principal empresa de distribuição e comercialização de água potável na RDC. Os sistemas colectivos de saneamento parecem estar ausentes em detrimento das iniciativas autónomas de saneamento, em que as falhas das instalações e as fragilidades de uma política ambiental nacional conduzem a uma gestão caótica das águas residuais e dos excrementos.

Para além dos efluentes cervejeiros, todos os resíduos domésticos e industriais são descarregados direta ou indiretamente no lago, através dos rios que atravessam a cidade. Este comportamento altera ainda mais os recursos aquáticos e o ambiente de vida das populações expostas a vários riscos, incluindo as doenças relacionadas com a água. Em 2011, a Inspeção Provincial de Saúde/Bukavu (IPS/Bukavu) notificou 6.832 casos de cólera, incluindo 36 mortes; 38.336 casos de esquistossomose, incluindo 35 mortes; 7927 casos de febre tifoide, incluindo 17 mortes; 12.273 casos de diarreia com sangue, incluindo 5 mortes; 126.962 de diarreia simples, incluindo 303 mortes; e 38.336 casos de amebíase, incluindo 35 mortes. Embora, devido à falta de meios financeiros, um segmento considerável da população se entregue de bom grado à automedicação, o que significa que muitos casos de doença ou morbilidade não são declarados e, por conseguinte, não constam das estatísticas do IPS. .[2]

Com vista a cumprir os objectivos de desenvolvimento do milénio revistos e adoptados como Objectivos de Desenvolvimento Sustentável (ODS) em 2015, os esforços empreendidos pelo governo parecem duvidosos e deixam uma parte

[1]PNHAB (2013). O projeto para a implementação da política nacional de saneamento na RD Congo
[2]Inspeção Provincial de Saúde (2011). Relatório anual de actividades na cidade de Bukavu.

significativa da responsabilidade às estruturas de cooperação bilateral ou multilateral (Oxfam, UNICEF, PNUD, OMS, etc.). Consequentemente, a dicotomia relativa à priorização dos esforços aparece e centra-se principalmente no abastecimento de água potável, ignorando que, pelo contrário, o volume de água a evacuar e a tratar está a aumentar; o que acentua a degradação do ambiente de vida das populações e da biodiversidade da zona costeira do Lago Kivu.

Na fase atual, a caraterização das águas a montante do lago - nos rios - bem como a avaliação da poluição doméstica e industrial não foram abordadas pelos investigadores. Várias razões estão na base deste facto, incluindo a falta de pessoal competente e de estruturas de investigação adequadas. Património comum dos dois países (RDC e Ruanda) e cujas águas alimentam o lago Tanganica partilhado por quatro países (Burundi, RDC, Tanzânia e Zâmbia) através do rio Ruzizi, o lago Kivu constitui o recetáculo de todos os resíduos sólidos e líquidos produzidos em Bukavu.

O lago corre o risco de eutrofização devido à ausência de uma verdadeira política por parte da RDC, enquanto o Ruanda envida grandes esforços para evitar a sobrecarga do lago (manutenção da rede de drenagem, proibição de desflorestação das margens do lago, gestão dos resíduos, etc.). A sua foz, o Ruzizi, alberga 2 barragens hidroeléctricas sub-regionais (principal fonte de abastecimento de eletricidade ao Ruanda, ao Burundi e ao Congo Oriental, incluindo as cidades de Bukavu e Goma). O funcionamento destas centrais hidroeléctricas é frequentemente perturbado pelo afluxo de resíduos drenados, o que exige a desobstrução das redes para manter o fornecimento de eletricidade.

Além disso, nas profundezas do referido lago (485 m) encontram-se adormecidas enormes quantidades de gás metano (60 km^3) que, em caso de subida à superfície através de chaminés vulcânicas ou de movimentos sísmicos, poderia gerar uma explosão e a asfixia de cerca de 2 milhões de pessoas que vivem nas suas margens, uma vez que o metano está associado ao dióxido de

---

[3]Schmid M. Halbwachs M., Wehrli B. e Wüest A. (2005). Wehrli B. e Wüest A. 2005). Mistura fraca no Lago Kivu: novos conhecimentos indicam um risco crescente de euforia descontrolada de gás. G^3 , Volume 6, Número 7, Q07009, doi:10.1029/2004GC000892, ISSN: 1525-2027.s

carbono estimado em 250 km3 (Schmid et al., 2005)[3] . Este tipo de perigo pode ser ilustrado pela morte de 1700 pessoas nas margens do lago Nyos, nos Camarões, em 1986 (Kling et al., 1987)[4] , mas menos rico em gás do que o lago Kivu, que contém 300 vezes a quantidade do lago Nyos (Schmid et al., 2003; Schmid et al., 2005).

Segundo Bilubi Ulengabo MESCHACK (2016), antigo presidente da câmara da cidade de Bukavu, na sua tese sobre as condições de insalubridade na cidade de Bukavu: a contaminação do ambiente por resíduos líquidos e sólidos gerados pelas indústrias e pelos agregados familiares é também um dos factores de risco ambiental. Esta situação teve consequências como: a proliferação de vectores de certas doenças como a malária, a oncocercose, a tripanossomíase, a filariose, a esquistossomíase, a febre amarela, a dengue e a Chikungunya[5 * 7] . Neste contexto, a alteração das práticas ecológicas individuais parece tornar-se um dos principais objectivos, tanto para as associações como para o Estado, na maioria dos países em desenvolvimento. Mas "infelizmente, existe um grande fosso entre o que as pessoas dizem e o que fazem quando se trata de políticas e práticas de gestão ambiental".

Muitos investigadores de psicologia social tentaram compreender, em primeiro lugar, como se formam as atitudes dos indivíduos em relação à proteção da natureza e, em segundo lugar, como essas atitudes poderiam explicar o comportamento ecológico. A maior parte destes estudos, utilizando a "Teoria do Comportamento Planeado", chega a resultados semelhantes. Assim, todos estes estudos conduzem a uma espécie de impasse perante a existência óbvia de um desfasamento, não só entre atitudes e comportamentos, mas também entre atitudes e intenção comportamental e entre intenção de comportamento e comportamento (Montada et al. citado por S. Caillaud, 2010).

---

[4]Kling GW, Clark MA, Compton HR, Devine JD, Evans WC, Humphrey AM Koenigsberg EJ, Lockwood JP, Tuttle ML e Wagner GN (1987). The 1986 Lake Nyos gas disaster in Cameroon, West-Africa, Science, 236 (4798), 169 - 175.

[5] A chikungunya (abreviadamente, chik) é uma doença infecciosa tropical, causada por um arbovírus (conhecido por CHIKV, de chikungunya virus), um alfa vírus da família Tongaviridae, transmitido por mosquitos do género Aedes. O nome é de origem Makonde (povo da Tanzânia e de Moçambique) e significa: "que se enrola, que se enrola", como as folhas caídas das árvores que se enrolam ao secar; a tradução de chikungunya para francês significa "doença de quebrar ossos" ou "doença do homem curvado", pois causa dores articulares muito fortes associadas a

Ramade F (2005) na sua obra intitulada elementos de ecologia, ecologia aplicada confirma que: a poluição das águas pode ser causada pela eliminação anárquica dos efluentes e pode estar na origem de doenças de origem hídrica como a cólera, a bilharziose, a oncocercose, a febre tifoide...

Os solos e as águas, dada a posição que ocupam nas trocas com os outros elementos do biótopo, constituem grupos vulneráveis e estão frequentemente expostos à poluição por diversas partículas tóxicas, são locais de passagem de numerosos fluxos de materiais.

Nas regiões costeiras dos lagos, revela-se a contaminação dos solos e das águas, que apresentam frequentemente uma poluição muito pesada devido à descarga de efluentes (por vezes voluntária por fábricas e empresas) de vários resíduos minerais ou orgânicos de toxicidade muito elevada e a depósitos de resíduos associados que representam um grande perigo não só para as espécies aquáticas mas também para os seres humanos (Ngo e Regent, 2004)[6]

Nollet R (1995), mostra-nos que a percolação de efluentes industriais e de lixiviados, o espalhamento de componentes ou de lamas contribuem para a contaminação e para a alteração dos parâmetros físico-químicos e/ou microbiológicos dos solos e das águas doces, os derrames nos canais de evacuação das águas residuais e das águas negras são também uma fonte de degradação dos solos através do mecanismo de erosão[6 7 8 9 * 7 8]

Além disso, através da presença de efluentes tóxicos, as plantas absorvem-nos e, em seguida, estes produtos tóxicos migram para os seres humanos que consomem estas plantas que se tornaram tóxicas ao longo da cadeia alimentar.

Este risco de migração ao longo da cadeia alimentar existe também para os alimentos de origem animal provenientes da criação e da pesca (por exemplo, o envenenamento de Minamata em 1953-1960). Foram descobertos vários casos de contaminação de alimentos na Baía de Minamata, no Japão, onde uma

---

rigidez, que confere aos doentes infectados uma atitude encurvada muito caraterística. Nas ilhas francesas, esta doença
está muito difundido

[8]Ngo.C e Regent.A 2004: Impacto dos resíduos e da poluição no ambiente e na saúde. Ed.Dunod Paris.p128

[9]Nollet R (1995): Os problemas ambientais dizem os peritos. Ed. Enterprise for the Environment p285.

fábrica de produtos químicos estava a despejar mercúrio no mar, onde os peixes apresentavam níveis elevados de Thio MethylMercury, o que causou a morte de 48 pessoas e a invalidez de 156 outras (sobretudo pescadores). 156 outras pessoas (sobretudo pescadores)[10]

Os produtos farmacêuticos são estritamente regulamentados para controlar a sua eficácia e garantir a segurança dos pacientes; os efeitos secundários nocivos que podem ter no ambiente natural ainda não foram suficientemente estudados e não são objeto de um acordo ou de um convénio internacional.

Durante a última década, foram medidos cada vez mais resíduos farmacêuticos, principalmente em águas de superfície, mas também em águas subterrâneas, solos, estrume, biota e até mesmo em água potável. Dado que os produtos farmacêuticos são especificamente desenvolvidos para causar efeitos farmacológicos nos organismos vivos, não é surpreendente que um número crescente de estudos tenha demonstrado que os efluentes farmacêuticos têm efeitos secundários na vida selvagem, na flora e na saúde do ecossistema. Avaliar os riscos potenciais de danos a longo prazo para a saúde decorrentes de quantidades vestigiais de produtos de efluentes farmacêuticos na água é um verdadeiro desafio, especialmente porque a água potável não é monitorizada sistematicamente em relação a estes resíduos. Esta situação tem suscitado preocupações no público quanto à qualidade higiénica e estética da água potável.

A Abordagem Estratégica para a Gestão Internacional de Substâncias Químicas (SAICM) identificou os "Poluentes Farmacêuticos Persistentes no Ambiente" (EPPP) como uma questão política a ser discutida na quarta sessão da Conferência Internacional sobre Gestão de Substâncias Químicas. químicas (ICCM). Um ficheiro de nomeação (SAICM/OEWG.2/INF/15) preparado pelo Ministério do Ambiente do Peru, pelo Ministério da Habitação, Ordenamento do Território e Ambiente do Uruguai e pela Sociedade Internacional de Médicos para o Ambiente foi discutido na segunda sessão do Grupo de Trabalho Aberto (OEWG) realizada em Genebra de 15 a 17 de dezembro de 2014. [8 9]

[10]Ramade F (1979): Ecotoxicologist 2nd Edition.ED.Massions, p223

As águas residuais das indústrias farmacêuticas e os esgotos municipais recolhem todos os tipos de produtos farmacêuticos humanos (e seus metabolitos) administrados em casa, nos hospitais e nos cuidados a idosos. Os medicamentos não utilizados que são indevidamente eliminados nos lavatórios e nas casas de banho também acabam nas águas residuais municipais. As estações de tratamento de águas residuais convencionais, incluindo os processos de lamas activadas, não removem completamente os produtos farmacêuticos das águas residuais: as taxas de remoção variam entre menos de 20% e mais de 80% para alguns produtos farmacêuticos. Assim, os resíduos são despejados em rios, lagos e aquíferos subterrâneos. Além disso, foi demonstrado que as instalações de fabrico de produtos farmacêuticos descarregam substâncias activas em cursos de água próximos (Larsson et al. 2007). .[11]

Um número crescente de estudos demonstra que os resíduos farmacêuticos acabam no ambiente a nível mundial (IWW 2014; Hughes et al. 2013)[12] . Com base numa análise de mais de 1000 publicações internacionais, foram detectados resíduos farmacêuticos em 71 países de todo o mundo pertencentes aos cinco grupos regionais das Nações Unidas (número de produtos farmacêuticos detectados em águas superficiais, águas subterrâneas, água da torneira e/ou água potável). Os produtos farmacêuticos foram detectados principalmente em águas de superfície e efluentes de águas residuais, mas também foram detectados em águas subterrâneas, estrume e outras matrizes ambientais.

Embora a maioria das observações tenha sido publicada em países industrializados, estão a ser realizadas cada vez mais campanhas de monitorização em países emergentes e em desenvolvimento. Estas campanhas revelaram a escala global da presença de produtos farmacêuticos no ambiente. Por exemplo, o diclofenac, um medicamento anti-inflamatório não esteroide, foi detectado no ambiente aquático de mais de 50 países em todo o mundo.

---

[11]Larsson DGJ, de Pedro C, Paxeus N (2007): Effluent from drug manufactures contains extremely high levels of pharmaceuticals. J. Hazard. Mater. 148, 751-755.

[12]IWW (2014): Produtos farmacêuticos no ambiente: Ocorrência, efeitos e opções de ação. Projeto de investigação financiado pela Agência Federal Alemã do Ambiente (UBA) no âmbito do Plano de Investigação Ambiental n.º 3712 65 408. http://www.pharmaceuticals-in-the-environment.orgs

Nos rios e lagos que recolhem águas residuais, os produtos farmacêuticos são frequentemente detetados em concentrações de 0,1 µg/L a 1,0 µg/L, de acordo com estudos de Hughes et al 2013. No entanto, as concentrações máximas podem ser consideravelmente mais elevadas em áreas de população densa ou localizadas a jusante de instalações de tratamento de águas residuais.

Um seminário realizado em Genebra a 8 e 9 de abril de 2014 (www.pharmaceuticals-in-the- environment.org) concluiu que o SAICM poderia ser utilizado como um quadro político voluntário para abordar a questão dos efluentes farmacêuticos no ambiente.

ambiente a uma escala global. Esta tarefa poderia ser levada a cabo sem comprometer a eficácia, a disponibilidade ou a acessibilidade dos tratamentos médicos, especialmente nos países onde o acesso aos cuidados de saúde ainda é limitado. Uma ação concertada no âmbito da SAICM poderia dar início a uma abordagem multissectorial e multilateral do ciclo de vida para prevenir, reduzir e gerir a presença de produtos farmacêuticos no ambiente.

Alguns produtos farmacêuticos têm uma função endócrina, ou seja, afectam o sistema hormonal. Entre os exemplos contam-se os contraceptivos, certos tratamentos contra o cancro, medicamentos para o tratamento de doenças do sistema nervoso e da glândula tiroide e vários medicamentos veterinários. Verificou-se que alguns fármacos desreguladores endócrinos têm efeitos nocivos na flora e na fauna em concentrações muito baixas, como a feminização de peixes machos, impedindo a reprodução ou provocando o colapso da população (Kidd et al. 2007)11. Estes produtos farmacêuticos são um subgrupo de substâncias químicas desreguladoras do sistema endócrino (EDC), abordadas pelo SAICM como uma questão política desde 2012 (PNUA e OMS 2013) .[13] [14]

Os produtos farmacêuticos são substâncias biologicamente activas que afectam os mecanismos de controlo dos organismos vivos, por exemplo, regulando o

[13]Kidd KA, Mills KH, Palace VP, Evans RE, Lazorchak JM, Flick RW (2007): Colapso de uma população de peixes após exposição a estrogénio sintético. P. Natl. Acad. Sci. USA 104, 8897-8901.
[14]UNEP & OMS (2013): Estado da ciência das substâncias químicas desreguladoras do sistema endócrino 2012.
http://www.who.int/ceh/publications/endocrine/en/

metabolismo, influenciando o equilíbrio hormonal ou atenuando a transmissão de sinais entre as células. Uma vez libertada no ambiente, esta atividade biológica pode ter um impacto negativo na fauna e na flora ("organismos não visados") e alterar a saúde dos ecossistemas. Este efeito pode ocorrer através de vários mecanismos, alguns dos quais foram demonstrados em laboratório e em observações de campo; outros podem ainda ser descobertos.

Entre os exemplos mais importantes de efeitos ecotoxicológicos demonstrados contam-se a quase extinção de abutres no subcontinente indiano causada por aves que se alimentavam de carcaças de gado tratado com o anti-inflamatório diclofenac, uma experiência num lago com o estrogénio sintético etinilestradiol utilizado em pílulas anticoncepcionais que resultou na feminização de peixes machos e os efeitos da utilização veterinária do parasiticida ivermectina na decomposição das fezes, nas populações de insectos que se reproduzem nas fezes e nos invertebrados aquáticos.

Para medir os riscos ambientais, as concentrações previstas (ou medidas) de produtos farmacêuticos no ambiente são comparadas com as concentrações previstas sem efeitos

(PNEC) derivadas de experiências laboratoriais normalizadas com organismos modelo, como algas, dáfnias, peixes ou plantas. Na União Europeia, os novos medicamentos comercializados devem ser acompanhados de uma avaliação dos riscos ambientais (CE 2001a, b)[15] . No entanto, os medicamentos mais utilizados foram introduzidos antes da entrada em vigor dos regulamentos, pelo que não foram tidos em conta.

O anti-inflamatório diclofenac constitui um exemplo eloquente. As concentrações máximas do fármaco medidas nas águas de superfície são superiores aos níveis PNEC em 34 países, conduzindo a efeitos ecotoxicológicos nocivos nos organismos dessas regiões. As concentrações mais elevadas são mais frequentemente encontradas a jusante de estações de tratamento de águas residuais em zonas densamente povoadas

---

[15] CE (2001a): Diretiva 2001/82/CE do Parlamento Europeu e do Conselho, de 6 de novembro de 2001, que estabelece um código comunitário relativo aos medicamentos veterinários. http://ec.europa.eu/health/files/eudralex/vol- 5/dir-2001 -82/dir-2001 -82-en.pdf

No Ruanda, está em curso um projeto para a construção de quatro estações de tratamento de lamas fecais, três das quais se situam na área de estudo, em Rubavu, Karongi e Ruzizi. Este projeto, financiado pelo Banco Africano de Desenvolvimento, deverá terminar em 2023. A construção e exploração de um aterro sanitário e de uma estação de tratamento de lamas fecais nestas 3 cidades incluirá a melhoria do armazenamento, recolha, transporte e eliminação de resíduos sólidos, envolvendo o desenvolvimento de um aterro sanitário, a criação de uma instalação de eliminação e o tratamento de resíduos fecais (lamas), e a preparação de um projeto complementar sobre a opção de reciclagem e reutilização de resíduos sólidos. A capacidade das estações de tratamento de águas residuais prevista até 2025 é de 150 m^3/d para Rubavu e de 30 m3/d para Ruzizi e Karongi.

No que diz respeito aos resíduos sólidos, as grandes zonas urbanas, em particular, conduzem a uma acumulação de resíduos, incluindo embalagens de plástico não degradáveis, que acabam por ir parar às águas dos lagos e, eventualmente, dos rios.

Para além da falta de infra-estruturas de saneamento e de recolha de resíduos sólidos, existe também poluição de origem industrial e mineira. As pequenas indústrias agro-alimentares presentes na bacia são sobretudo as de transformação de arroz, açúcar, milho, chá, café, mas também de produtos de origem animal em fábricas de lacticínios, matadouros ou mesmo pisciculturas. Estas unidades de transformação, embora de pequena dimensão, podem ser uma fonte de poluição quando as águas residuais são diretamente descarregadas nos cursos de água. É o caso, nomeadamente, das estações de lavagem de café, que são numerosas na região, dos centros de recolha de leite e dos matadouros. As mucilagens, os subprodutos de origem animal ou mesmo os alimentos de engorda dos peixes de viveiro lançados na água podem provocar a eutrofização das águas e o consequente aumento da Carência Biológica de Oxigénio (CBO).

No Burundi, nas zonas rurais, o serviço de saneamento é exclusivamente autónomo e baseia-se no auto-investimento das famílias. A planície de Imbo é uma zona de agricultura intensiva e é provável que as águas superficiais e subterrâneas recebam quantidades significativas de pesticidas e fertilizantes.

No entanto, não existe nenhum estudo pormenorizado que possa mostrar a extensão do problema e a sua distribuição geográfica.

Na RDC, a contaminação bacteriológica e química devida a águas residuais domésticas e industriais insuficientemente tratadas, mal tratadas ou não tratadas, provenientes de aglomerações urbanas em rápido crescimento nas margens dos lagos, adiciona produtos químicos, CBO e efluentes à água. no lago e no rio.

Na RDC, as infra-estruturas históricas de saneamento de Bukavu estão atualmente abandonadas. Não existe um sistema de eliminação de águas residuais na cidade de Bukavu. As latrinas de fossa são o principal tipo de instalação sanitária na zona. Mas as poucas casas de banho com autoclismo e fossas sépticas encontram-se em bairros onde os residentes têm rendimentos médios ou elevados. Uma parte significativa da população recorre à defecação a céu aberto. A cidade não dispõe de nenhum local de eliminação de fossas sépticas e de lamas de latrinas. Os resíduos sólidos são recolhidos principalmente por particulares que os depositam em terrenos abertos a cerca de 2 km dos limites da cidade.

Devido à falta de instalações sanitárias adequadas, observa-se uma forte contaminação e poluição dos cursos de água, nascentes e poços em toda a cidade. No entanto, não existem dados disponíveis. Em Goma, Kalehe e nos centros da planície de Ruzizi, não existe qualquer estação de tratamento de águas residuais.

As indústrias de bebidas (BRALIMA em Bukavu e BRALIRWA em Rubavu) descarregavam anteriormente os seus efluentes diretamente no lago. Atualmente, estas duas fábricas estão equipadas com estações de tratamento que permitem atingir as normas de descarga admissíveis.

A fábrica PHARMAKINA (indústria farmacêutica) descarrega os seus efluentes diretamente nas águas da bacia; estas águas constituem uma importante fonte de poluição que agrava os problemas de saneamento da cidade de Bukavu

Para tal, podemos colocar-nos algumas questões na sequência das observações efectuadas:

1. Qual seria o impacto dos efluentes da fábrica PHARMAKINA nas águas da zona costeira do lago KIVU no distrito de MULAMBULA?

2. Quais são os problemas diretos e indirectos dos seus efluentes sobre a biodiversidade da zona costeira do lago Kivu no distrito de Mulambula?

2. PRESSUPOSTOS:

Seguindo a lógica segundo a qual uma hipótese é uma resposta provisória às questões que colocamos sobre o objeto de investigação, considerámos importante formular as seguintes respostas provisórias:

1. Os impactos dos efluentes da Indústria PHARMAKINA na zona costeira do Lago Kivu seriam a modificação dos parâmetros físico-químicos da água nesta zona.

2. Os problemas diretos e indirectos destes efluentes da fábrica PHARMAKINA seriam a asfixia das espécies, a perturbação do crescimento e dos processos metabólicos da biodiversidade, a perda de populações de espécies na zona costeira do lago Kivu no distrito de Mulambula.

3. OBJECTIVOS DO ESTUDO:

a. Objetivo geral:

O objetivo global do presente estudo é assegurar um ambiente humano adaptado às normas de desenvolvimento sustentável.

b. Objectivos específicos:

- Sensibilizar para os problemas ambientais
- Contribuir para soluções preventivas para a saúde da população e a riqueza ictiológica,
- Contribuir para a procura de soluções para os problemas de efluentes da

indústria farmacêutica,

- Orientar a obtenção de uma boa saúde pública, conforto e bem-estar dos habitantes da zona costeira do distrito de Mulambula,
- Apoiar a proteção do ambiente e, em especial, dos recursos da cidade de Bukavu,
- Contribuir para a melhoria da gestão urbana.

4. ESCOLHA, JUSTIFICAÇÃO E INTERESSE DO SUJEITO:

a. Escolha do tema;

Em todos os sentidos, o homem é o senhor do seu destino. A partir do seu comportamento, pode fazer-se feliz ou infeliz, ou mesmo acabar com a sua vida. A escolha deste tema foi motivada pela observação pessoal e pelo gosto pela exploração científica.

Este tema visa esclarecer a população de Bukavu e a Indústria FARMAKINA sobre um estilo de vida sustentável com um comportamento preventivo de saúde ligado a uma boa gestão dos efluentes dos processos de produção de medicamentos; porque alguns estão interessados em alimentos e medicamentos para assegurar a sua vida quotidiana e garantir uma boa saúde sem pensar nas consequências dos resíduos que deitam fora, estes últimos consomem mais do orçamento familiar do que os atribuídos às necessidades alimentares, quando mal geridos .

Escolhi este tema porque também sou filho destes ambientes, em tenra idade por vezes quando viajávamos ao longo da zona costeira do lago KIVU no distrito de MULAMBULA, os alevins e juvenis mortos eram visíveis à superfície das águas desta zona, uma morte devido a um certo molage (efluente) que vinha da Fábrica PHARMAKINA que os pescadores eram incapazes de explicar de uma forma científica para tentar compreender a verdadeira causa destes efluentes e é uma falta de rendimento sempre para nós que vimos de famílias de pais pescadores.

b. Interesse do sujeito:

O nosso interesse neste estudo é duplo: teórico e prático.

Pretende-se que seja um documento de referência teórica útil a futuros investigadores que se interessem, no futuro, por este domínio, contribuindo assim para as reflexões anteriormente efectuadas sobre esta questão.

A nível prático, visa fornecer orientações concretas importantes para o estabelecimento de uma parceria global para o desenvolvimento (8º Objetivo de Desenvolvimento do Milénio).

Quanto ao desenvolvimento sustentável, trata-se de um novo modelo de desenvolvimento que redefine o interesse público e questiona o crescimento económico, a fim de ter em conta os aspectos ambientais gerais de um planeta globalizado.

Em conformidade com os Objectivos de Desenvolvimento Sustentável n.ºs 14 e 15

05. DELIMITAÇÃO DO OBJECTO;

No que diz respeito ao nosso trabalho de investigação, a sua delimitação é definida em três (3) aspectos, nomeadamente o aspeto científico, o aspeto espacial e o aspeto temporal.

De facto, do ponto de vista científico, este trabalho centra-se no domínio da gestão ambiental.

Relativamente ao aspeto espacial, o nosso campo de investigação escolhido é o distrito de Mulambula, na comuna de BAGIRA, cidade de Bukavu, situada na província de Kivu do Sul, no leste da República Democrática do Congo. A entidade PHARMAKINA, com estes efluentes, e a zona costeira do lago KIVU, que afecta o distrito de Mulambula, interessam-nos neste ambiente de estudo.

Finalmente, em termos de tempo, a nossa investigação estende-se por um período de um ano, ou seja, 202 32024

06. DIFICULDADES ENCONTRADAS;

Não é surpreendente saber que a realização deste trabalho não foi possível sem encontrar alguns obstáculos. Sem, no entanto, fazer uma lista exaustiva, apresentaremos aqui algumas dificuldades que podem ter chamado a nossa atenção:

07. SUBDIVISÃO DOS TRABALHOS:

Para além da introdução e da conclusão, este estudo será estruturado em 4 capítulos:

- O primeiro capítulo diz respeito a uma revisão da literatura teórica e empírica
- O segundo capítulo diz respeito à metodologia e à apresentação do ambiente de estudo.
- O terceiro capítulo diz respeito à análise dos dados e à interpretação dos resultados
- O quarto capítulo diz respeito à discussão dos resultados

CAPÍTULO 1: REVISÃO DA LITERATURA TEÓRICA E EMPÍRICA

I. DEFINIÇÕES DE ALGUNS CONCEITOS :[16]

1. **Águas subterrâneas**: todas as águas que se encontram abaixo da superfície do solo;

2. Ecossistema aquático: complexo dinâmico constituído por comunidades de plantas, animais, microrganismos e respetivo ambiente que, através da sua interação, formam uma unidade funcional criada pela existência de águas superficiais ou subterrâneas;

3. Espécies aquáticas: animais, plantas ou microrganismos que vivem na água
4. Eutrofização: desequilíbrio de um ecossistema aquático devido a um excesso de nutrientes minerais, como os nitratos e os fosfatos, resultante das actividades humanas;

5. Bordo livre: espaço deixado livre na margem e ao longo de um curso de água;

6. Fundo elevado: espaço ou zona situada a montante de um curso de água;

7. Fundo inferior: espaço ou zona situada a jusante de um curso de água;

8. Gestão sustentável da água: gestão que permite meios técnicos eficientes e económicos

9. Zona de proteção: espaço em que são regulamentadas determinadas actividades com vista à proteção e conservação dos recursos ou dos equipamentos e instalações do domínio público hídrico

10. Área protegida: área geograficamente designada, delimitada, regulamentada e gerida para atingir objectivos de conservação específicos

11. Perímetro de proteção: área demarcada em torno das captações de águas superficiais e das fontes naturais de água dentro da qual são impostas restrições a qualquer pessoa singular ou colectiva, a fim de preservar a qualidade da água;

12. Periurbano: aglomeração que se situa em torno de um centro urbano e

[16] Lei n.º 15/026, de 31 de dezembro de 2015, relativa à água na RDC

constitui os seus subúrbios;

13. Massa de água: superfície coberta de água, como um lago, uma lagoa ou parte de um rio ou mar;

14. Poluição da água: introdução no meio aquático de qualquer substância ou organismo suscetível de alterar a qualidade da água e de criar riscos para a saúde, de prejudicar a fauna e a flora terrestres e aquáticas, de prejudicar a fruição dos sítios ou de interferir com qualquer outra utilização racional da água;

15. Captação de água: ação de extrair, de forma contínua e durante um longo período, uma parte dos recursos hídricos nacionais

16. Recursos hídricos: depósito ou massa de água no seu estado natural suscetível de ser explorado para diversos fins e sujeito a uma gestão codificada ou regulamentada.

II.GERAL SOBRE A POLUIÇÃO DA ÁGUA:

1. Definição de poluição da água

A poluição das águas é entendida como uma modificação desfavorável ou nociva das propriedades físico-químicas e biológicas, produzida direta ou indiretamente pelas actividades humanas, tornando-as impróprias para o uso normal estabelecido. A poluição pode afetar todos os ambientes, tais como valas, rios, canais, lagos, o mar, bem como as águas subterrâneas (Schmitzberger, 2008)[17]

De acordo com a Lei n.º 11, "poluição da água é a introdução no meio aquático de qualquer substância suscetível de alterar as caraterísticas físicas, químicas e/ou biológicas da água.

Criar riscos para a saúde humana, prejudicar a vida selvagem, a flora terrestre

[17]Schmitzberger K., (2008). Prevenção da poluição, poluição da água, edição da agência da água, Rhine-Meuse, p127-130

e aquática"

2. origens da poluição das águas:

a) Poluição doméstica:

Proveniente das habitações, é geralmente transportado pela rede de saneamento até à estação de tratamento nos países onde a gestão dos efluentes industriais está bem organizada.

A poluição doméstica é caracterizada por:

Germes fecais; Níveis elevados de matéria orgânica; Sais minerais (azoto, fósforo); Detergentes;

b) Poluição industrial:

Proveniente das fábricas, caracteriza-se por uma grande diversidade, em função da utilização da água; todos os produtos ou subprodutos da atividade humana se encontram assim na água, que é um bom solvente:

- Matérias orgânicas e gorduras (indústrias alimentares, transformação de subprodutos, etc.); Hidrocarbonetos (refinarias); Metais (tratamento de superfícies, metalurgia); Ácidos, bases, produtos químicos diversos (indústrias químicas, curtumes, etc.); Água quente (circuito de arrefecimento de centrais térmicas);
- Materiais radioactivos (centrais nucleares, tratamento de resíduos

radioactivos);

c) Poluição agrícola:

Proveniente de explorações agrícolas ou de culturas, caracteriza-se por: Elevados níveis de sais minerais (azoto, fósforo, potássio) provenientes de:

-fertilizantes;

- estrume e chorume (criação);

A presença de produtos químicos de tratamento (pesticidas, herbicidas, etc.) (Gaujous, 1995)[18]

3. Os diferentes tipos de poluição da água:

1. Poluição orgânica:

A poluição por matéria orgânica é, de facto, uma das mais importantes e generalizadas. É representada por substâncias mais ou menos biodegradáveis (açúcar, proteínas, etc.) rejeitadas por certas indústrias agro-alimentares e de embalagens. Inclui também substâncias mais tóxicas ou menos activas (fenóis, hidrocarbonetos, tensioactivos, pesticidas, etc.) e substâncias afins.

substâncias. As suas consequências nefastas devem-se essencialmente à depleção do ambiente em oxigénio (Pesson et al., 1978)[19]

2. Poluição biológica:

A contaminação microbiológica é uma forma de poluição da água causada pela presença de microrganismos patogénicos, tais como vírus, parasitas ou bactérias. Estes podem representar um risco para a saúde humana ou animal (Ramade, 2005).

3. Poluição térmica:

A poluição térmica corresponde ao aumento ou à diminuição da temperatura da água em relação à temperatura normal na sequência da ação humana e que afectará a vida aquática. Trata-se de uma poluição difusa e não visível, pelo que

---

[18]Gaujous D., (1995).pollution of aquatic environments, aide-mémoire.2nd edition.11, rue Lavoisier.200 p

[19]Pesson p., (1976).poluição das águas continentais, Edition bordas,paris.p 285.

nem sempre é considerada uma verdadeira poluição. Este tipo de poluição é causado pela descarga de água quente proveniente de sistemas de arrefecimento, de centrais eléctricas convencionais ou nucleares (Pesson e Perraud, 1976).

4. Poluição radioactiva:

Trata-se da introdução, direta ou indireta, através da atividade humana, de substâncias radioactivas no ambiente, susceptíveis de contribuir para ou causar um perigo para a saúde humana, danos aos recursos biológicos, aos ecossistemas ou aos bens materiais, um obstáculo à utilização legítima do ambiente (Oudiz et al, 2000) .[20]

5. Poluição química:

A poluição química resulta num derrame de substâncias químicas no ambiente natural através de várias actividades de produção e fabrico, quer diretamente

para o bem de forma indireta, gerada principalmente pelo sector industrial e pelo sector agrícola (Khelfane e Kebaili, 2014)[21]

5.1 Detergentes

A enorme utilização de detergentes (sobretudo nos lares) provoca danos significativos no meio recetor, como a perturbação dos processos de auto-purificação da água e a inibição de certas espécies de microrganismos, para além da eutrofização dos ambientes. aquáticos fechados (lagos, lagoas, etc.)

[20]OudizB,Cessac, J. BrenotJ.P.MaignéP.,Santucci, MC Robé P. Charbonneau,(2000).Management of industrial sites potentially contaminated by radioactive substances. Produzido pelo IPSN em nome dos Ministérios do Ambiente e da Saúde

[21]Kebaili Z, khelfane C., (2014). Contributo para a análise da qualidade dos efluentes líquidos ao nível da Empresa Nacional das Indústrias de Electrodomésticos (ENIEM). Dissertação de fim de curso, especialidade: Fotologia de Ecossistemas.UMMTO.56 p

(Pesson et al., 1976)

5.2 Hidrocarbonetos:

Os hidrocarbonetos responsáveis pela poluição das águas podem provir de numerosas fontes, como os efluentes eliminados pelas indústrias farmacêutica, petrolífera, petroquímica, siderúrgica, etc.

Os hidrocarbonetos também podem ser encontrados acidentalmente no ambiente natural, por exemplo, fissuras em reservatórios de armazenamento, acidentes petrolíferos gigantescos e operações de perfuração ao largo, que podem conduzir a grandes catástrofes ecológicas (Bouziani, 2000).[22]

6. Poluição agrícola:

Esta poluição é causada principalmente pela utilização irracional de fertilizantes químicos e pesticidas (Gaujous, 1995) .[23]

6.1 Pesticidas:

Um pesticida é uma substância espalhada numa cultura para lutar contra organismos considerados nocivos. É um termo genérico que reúne insecticidas, fungicidas, herbicidas

e parasiticidas. Atacam insectos, fungos, ervas daninhas e vermes parasitas, respetivamente.

Os pesticidas, os seus produtos de degradação e os seus metabolitos podem contaminar todos os compartimentos do ambiente (água-solo-ar). (Brissaud et

[22]Bouziani M., (2000). A água da escassez às doenças. Edição IBN-KHALDOUN. Argel.p9396.
[23]Gaujous D., (1995).pollution of aquatic environments, aide-mémoire.2nd edition.11, rue Lavoisier.200 p

al. 1982) .[24]

6.2 Fertilizante químico:

Os adubos são substâncias, na maior parte das vezes misturas de elementos minerais, destinadas a fornecer às plantas nutrientes suplementares, a fim de melhorar o seu crescimento e aumentar o rendimento e a qualidade das culturas. O risco ambiental mais citado é o da poluição da água potável ou da eutrofização da água, quando os adubos, orgânicos ou minerais, espalhados em quantidades demasiado elevadas em relação às necessidades das plantas e à capacidade de retenção dos solos, que depende nomeadamente da sua textura, são arrastados para o lençol freático por infiltração ou para os cursos de água por escoamento superficial (Schrock, 2006) .[25]

[24]Brissaud f, Heurteaux P, Podlejski J, Moutonnet P., (1982). Transferências de dispersão e propagação de pesticidas num solo de arrozal inundado; Journal of Hydrology Volume 57, P 233-245

[25]Schrock R., (2006).Nitrogen Fix, dams Technology Review, Massachusetts Institute of Technology, Estados Unidos.210 p

Quadro I: principais tipos de poluição das águas, **suas** naturezas e causas (Ramadez 1998).

Type de pollution	Nature physico-chimique	Source ou agent causal
• pollution thermique • pollution radioactive	Rejet d'eau chaude Radio-isotope	Centrales électriques Installations nucléaires
• pollution chimique pollution par les engrais	Nitrates Phosphates	Agriculture Lessives
pollution par les éléments toxiques	Cadmium,mercure,plomb Aluminium, arsenic, etc.	Industries,agriculture Combustion, (pluies acides)
pollution par les pesticides	Insecticides,herbicides, Fongicides,etc.	Agriculture(industrie, transport)
pollutions par détersifs	Agents tensioactifs	Effluents domestiques (industriels)
pollution par les hydrocarbures	Pétrole brute et ces dérivés (carburant et autres produits raffinés	Industriespétrolières,transport Chaufferies industrielles
pollution par les composés organochlorés	PCB, insecticides,solvants Chlorés	Industrie,agriculture
pollution par divers autres composants organiques de synthèse	Très nombreusesmolécules,	Industriel, usages dispersifs en Particulier domestiques pour certains
• matières organiques fermentescibles	Glucides, lipides,protides,acides nucléiques	Effluents domestiques agricoles,industries, Agroalimentaires et l'industrie de bois (papeteries)
• pollution microbiologique	Bactéries, virus entériques et Champignons	Effluents urbains,élevage, Abattoir etsecteur agroalimentaire en général

4. Impactos da poluição da água:

1. Impacto da poluição da água no ambiente:

O impacto das descargas no nosso ambiente pode ser avaliado no que diz respeito ao aumento da temperatura, às alterações do pH, ao consumo de oxigénio no ambiente, bem como aos efeitos específicos inerentes a cada poluente. Isto leva à modificação do equilíbrio dos ecossistemas.

Distinguimos :

A. Diminuição do teor de oxigénio dissolvido:

A redução do nível de oxigénio dissolvido acelera os movimentos respiratórios dos peixes, favorecendo assim a penetração de substâncias tóxicas eventualmente presentes na água.

Além disso, certos poluentes perturbam gravemente a respiração dos peixes e podem também causar a sua morte (Pesson et al. 1976).

B. Florescimento de algas:

Este fenómeno deve-se à libertação excessiva de fosfato, azoto, carbono e outros elementos minerais, ligada às actividades humanas, dos quais as algas se alimentam. Este fenómeno observa-se em meios aquáticos onde a água é pouco renovada. Esta proliferação de algas devido ao enriquecimento das águas com substâncias nutritivas é responsável por uma redução da quantidade de oxigénio essencial para a sobrevivência de outras espécies e, ao mesmo tempo, ameaça a sua existência (MENOUER, e TAIBI, 2014) .[26]

C. Modificação física do meio recetor:

A modificação física resulta num aumento da temperatura, na coloração da água, etc.

Todos os seus elementos perturbadores impedem o ambiente natural de duas formas diferentes, nomeadamente: descargas nas redes de esgotos e descargas

[26]MENOUER S, TAIBI S., (2014). Estudo da qualidade das descargas de líquidos industriais a jusante do complexo GL1/Z. Tese de Projeto de Fim de Curso. Gestão de Resíduos e Poluição do Ecossistema. Universidade de Ciência e Tecnologia Mohamed Boudiaf de Oran.63 p.

difusas (lixiviação do solo) (Ouikene, 2011) .[27]

2. impacto da poluição da água na saúde humana:

As doenças ligadas à presença de elementos patogénicos ou de moléculas tóxicas estão muito difundidas. As parasitoses de origem hídrica dominam largamente a patologia dos habitantes do Terceiro Mundo: Malária (um milhão de mortes por ano, 100 a 150 milhões de casos anuais, 90% dos quais em África, e 300 milhões de portadores de parasitas); Filária (doença causada por um verme injetado por mosquitos em climas quentes e húmidos); Cólera, devido a vibriões de cólera presentes em águas sujas; Hepatite A (devido a um vírus também presente em águas poluídas); disenteria de origem parasitária, bacteriana e viral com consequências que podem ser muito graves em crianças pequenas;

Os metais pesados, como o mercúrio, o chumbo, o cádmio, o cobre, etc., têm a particularidade de se concentrarem na cadeia biológica. Não são degradáveis, pelo que a sua presença é persistente. Conduzem a várias patologias, dependendo da sua natureza, estas patologias podem ser muito graves, mesmo fatais (Moletta, 2014).

3. Impacto da poluição da água na economia:

Temos de compreender que a despoluição continua a ser uma atividade dispendiosa; ninguém pode negar a necessidade absoluta de ter em conta o nosso ambiente.

Em França, como nos países desenvolvidos, a maior parte das colectividades e indústrias assume a responsabilidade pelas suas descargas. Em certas épocas do ano, a proliferação de algas que se depositam e apodrecem nas costas provoca perturbações que perturbam gravemente a atividade turística nestas regiões...

[27]Ouikene N., (2011).Estudo de um tratamento biológico de águas residuais de origem doméstica (ponte de velas) e do tratamento de águas residuais de uma estação de lavagem e lubrificação de veículos (tizi-rached).Memória de engenheiro em ecologia vegetal e ambiente

Esta proliferação é atribuída à descarga direta ou indireta de poluentes azotados e fosfóricos. A manutenção da atividade turística implica a eliminação destes incómodos. Isto representa um custo e uma perda de rendimento significativos. Como é frequentemente o caso,

o sector que está na origem da poluição não é o sector que sofre as suas consequências (Moletta, 2014).

A queda da produtividade nos meios aquáticos continua a ser um problema importante devido à poluição da água.

Quadro 2. Alguns exemplos dos efeitos nocivos dos produtos farmacêuticos em organismos não visados em observações laboratoriais, de campo e ambientais (Kid et al. 2007)

Produit pharmaceutique	Diclofenac	Éthinyloestradiol 17α	Diclofenac	Sulfonamide
Classe thérapeutique	Analgésiques	Œstrogène synthétique	Analgésiques	Antibiotique
Organisme non-cible	Vautour (Gyps bengalensis)	Embryons de tête-de-boule (Pimephales promelas)	Truite arc-en-ciel (Oncorhynchus mykiss)	Maïs (Zea mays) Saule (Salix fragilis)
Effets	Effondrement de la population en raison d'une maladie rénale	Effondrement de la population en raison de la féminisation de poissons mâles	Fortes réactions du foie, des reins et des branchies	Effets nocifs sur la croissance des racines Dégénérescence du maïs à des concentrations élevées
Type d'étude	Faune et flore	Expériences sur des lacs entiers	Laboratoire	Serre
Référence	Oakes et al. 2004	Kidd et al. 2007	Triebskorn et al. 2007	Michelini et al. 2012

	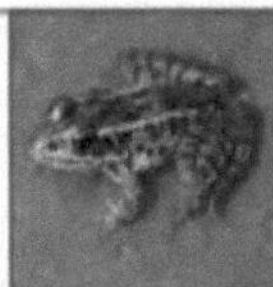			
Produit pharmaceutique	Fluoxetine	Oxazépam	Ivermectine	Enrofloxacine, ciprofloxacine
Classe thérapeutique	Antidépresseur	Anxiolytiques	Parasiticides vétérinaires	Antibiotique
Organisme non-cible	Grenouille léopard (Rana pipiens)	Perche européenne (Perca fluviatilis)	Mouche à ordure et scarabée bousier	Cyanobactérie (Anabaena flosaquae) Lentille d'eau (Lemna minor)
Effets	Développement retardé des têtards	Comportement et taux d'alimentation altérés	Mortalité des œufs et des larves	Inhibition de la croissance
Type d'étude	Laboratoire	Laboratoire	Laboratoire et terrain	Laboratoire
Référence	Foster et al. 2010	Brodin et al. 2013	Liebig et al. 2010	Ebert et al. 2011

III. OS EFLUENTES INDUSTRIAIS E O SEU TRATAMENTO:

1. Definição:

Os efluentes industriais são descargas líquidas provenientes de processos de extração ou de transformação de matérias-primas com vista ao fabrico de produtos industriais ou de bens de consumo. Estas águas são extremamente heterogéneas. A sua quantidade e qualidade variam em função do processo utilizado e do sector industrial. Apresentam frequentemente um largo espetro de poluentes químicos compostos no estado sólido ou dissolvido por matérias orgânicas e minerais, metais, hidrocarbonetos, solventes, polímeros, óleos, gorduras e sais, com diferentes níveis de toxicidade (Cantet, 2007). .[28]

2. Origem do efluente:

Diversas indústrias como: farmacêutica, metalúrgica, petroquímica, tratamento e decapagem... etc. Geravam uma quantidade significativa de efluentes líquidos.

Existem diferentes tipos de descarga de resíduos industriais (BLIEFERT e Perraud, 2009) .[29]

a) **efluentes de fabrico em geral**:

A maioria dos processos conduz a descargas poluentes de vários tipos, tais como matéria orgânica e gorduras (indústria alimentar, transformação de subprodutos animais) (Dégrement, 2005) .[30]

b) **efluentes específicos** :

Podemos ver o banho de decapagem, que gera soda usada e água amoniacal; sais metálicos (tratamento de superfícies, metalurgia); descargas tóxicas e descargas concentradas (Dégrement, 1989) .[31]

c) água do circuito de arrefecimento:

São águas abundantes e geralmente não poluídas, porque não têm contacto com os produtos fabricados. Podem ser recicladas, como a água quente (proveniente dos circuitos de arrefecimento das centrais térmicas) (MENOUER e TAIBI,

---

[28]CantetJ., (2007). Efluentes industriais. revista de crónicas científicas volume 2 n°10.p 1-2.
[29]BLIEFERT CetPerraud R., (2001). Química do ambiente: área, água, solo, resíduos. Edição de Boeck 2ª edição, Bruxelas 285-336
[30]Dégrement S., (2005). Manual técnico da água, técnica em documentação, 10ª edição, Paris p 587
[31]Dbgrement S., (1989). Manual técnico da água. Edição e documentação técnica, 9ª edição, Paris p 49-56

2014) .[32]

3. Principais parâmetros físico-químicos que caracterizam os efluentes:

3.1 Parâmetros físicos:

A. Temperatura :

Este é um parâmetro importante, especialmente para as águas residuais industriais (principalmente indústrias alimentares, centrais nucleares, etc.) que produzem água quente. A emissão de água limpa mas quente num ambiente natural pode criar poluição (Moletta, 2009) .[33]

B. O cheiro:

O cheiro pode ser definido como: o conjunto de sensações do órgão olfativo ao cheirar certas substâncias voláteis; a qualidade desta sensação particular é causada por cada uma das suas substâncias.

A água destinada à alimentação deve ser inodora, de facto, qualquer odor é um sinal de poluição ou da presença de matéria orgânica em decomposição. Estas substâncias encontram-se geralmente em quantidades tão mínimas que não podem ser detectadas pelos métodos de análise habituais (Rodier et al., 2005) .[34]

C. Cor:

A coloração é um parâmetro essencial da "poluição estética" e a sua origem pode ser:

- **Natural**: algumas águas altamente mineralizadas contêm substâncias húmicas fortemente coloridas; eutrofização: a proliferação de algas ou bactérias colore a água de verde ou vermelho;
- **Química**: corantes, fenóis e derivados, pigmentos de clorofila (indústria alimentar) (Gaujous, 1995) .[35]

---

[32]MENOUER S, TAIBI S., (2014). Estudo da qualidade das descargas de líquidos industriais a jusante do complexo GL1/Z. Tese de Projeto de Fim de Curso. Gestão de Resíduos e Poluição do Ecossistema. Universidade de Ciência e Tecnologia Mohamed Boudiaf de Oran.63 p.

[33]MolittaR., (2009).tratamento de resíduos.Éditions Tec & Doc - Lavoisier. p 712

[34]Rodier J et al., (2005). Análise das águas: águas naturais, águas residuais, águas do mar 8ª edição, Dunod, Paris.p 1383

[35]Gaujous D., (1995).pollution of aquatic environments, aide-mémoire.2nd edition.11, rue Lavoisier.200 p

D. Turbidez:

A turvação constitui um dos parâmetros físicos descritivos da água; é a obstrução à penetração da luz na água, devido à presença de partículas sólidas em suspensão. Está relacionada com a massa destas partículas em suspensão (MES), tais como: argilas, siltes, grãos de sílica e matéria orgânica.
O caudal é o volume de água que passa por uma secção de um curso de água durante uma unidade de tempo. O caudal total é o valor médio anual do caudal de um curso de água, incluindo mesmo as cheias excepcionais (Ramade, 2008)34.
São partículas sólidas muito finas e geralmente visíveis a olho nu; teoricamente, não estão solubilizadas nem em estado coloidal. Determinam a turvação da água. Limitam a penetração da luz na água, reduzem o teor de oxigénio dissolvido e prejudicam o desenvolvimento da vida aquática. Estes materiais estão relacionados com a turvação, a sua medição dá uma primeira indicação do teor de matéria coloidal de origem mineral ou orgânica (Abdellatif, 2006).

As concentrações de matéria em suspensão na água variam muito e são da ordem dos 100 a 300 mg/l. A matéria em suspensão nas águas residuais constitui um parâmetro importante, que indica geralmente o grau de poluição de um efluente urbano ou mesmo industrial (Gaid, 1984).3 .[5]

3.2. Parâmetros químicos:

A) pH:

A água pode ser ácida, neutra ou alcalina e as suas caraterísticas são representadas pelo pH do meio. Os valores de pH entre 5 e 9 constituem os limites dentro dos quais parece ser permitido um desenvolvimento quase normal da flora e da fauna aquáticas. Além disso, é muitas vezes difícil estabelecer critérios precisos no que respeita à vida e à reprodução dos peixes

(Salghi, 2000) .[36] [37] [38]

B) Condutividade:

A condutividade é a capacidade de uma solução, de um metal ou de um gás, ou seja, de todos os materiais, de fazer passar uma corrente eléctrica. Numa solução, são os aniões e os catiões que conduzem a corrente, enquanto que num metal são os electrões. São vários os factores que intervêm para que uma solução conduza a eletricidade:

- Concentração ;
- a mobilidade dos iões;
- a valência dos iões;
- temperatura.

Cada substância tem um certo grau de condutividade. Para as soluções aquosas, o nível de força iónica varia desde condutividades muito baixas para águas ultrapuras até condutividades muito elevadas para amostras químicas concentradas (DALMAS, 2000) .[39]

C) Oxigénio dissolvido:

Tanto em terra como na água, o oxigénio é essencial para a grande maioria dos organismos vivos. Na água, a solubilidade do oxigénio varia em função da temperatura da água e da pressão atmosférica. Assim, a água fria pode conter uma concentração mais elevada de oxigénio dissolvido do que a água quente, tal como os lagos situados a altitudes mais baixas em comparação com os lagos

[36]Ramade f, (2008).dicionário enciclopédico da água. Edition Dunod, Paris.p 760
[37]GAID A., (1989).Purificação biológica das águas residuais urbanas. Serviço das Publicações Universitárias, Argel.P27.
[38]SALGHI R; (2000). Diferentes sectores de tratamento de água. Edição ESKA, p 83-87
[39] Dalmas P., (2000). Medição da condutividade em água pura ou como aplicar a norma USP24-NF19, radiometeranalytical.p -3-4.

alpinos (HADE, 2002) .[40]

D) Carência química de oxigénio (CQO):

A CQO corresponde à quantidade de oxigénio que foi consumida quimicamente para oxidar todos os materiais oxidáveis presentes na água. A CQO é particularmente indicada para medir a poluição de um efluente industrial (Salghi, 2000) .[41]

E) Carência bioquímica ou biológica de oxigénio (CBO) :

É a quantidade de oxigénio (dada em mg/l, g/l, ou outros) que as bactérias utilizam para decompor parcialmente ou oxidar totalmente as substâncias orgânicas presentes na água em CO2, num determinado tempo, utilizando o seu sistema enzimático.

A CBO mede o teor de substâncias bioquimicamente degradáveis, quanto maior for a quantidade de compostos bioquimicamente oxidáveis, maior será o valor da CBO. Em compostos são degradados em 5 dias (Salghi, 2000)

CBO5:

É a quantidade de oxigénio (expressa em m/g, g/l ou outros) que as bactérias e outros microrganismos utilizam durante 5 dias para decompor uma determinada amostra. A diferença entre a CQO e a CBO resulta das substâncias presentes na água que não podem ser decompostas microbiologicamente (Beliefert e Perraud, 2001)4 .[0]

Relação CQO/CQO como índice de biodegradabilidade :

O rácio CQO/CQO determina a possibilidade e o rendimento da degradação

---

40 HADE A., (2002). Os nossos lagos - conhecê-los para melhor os proteger. Edições Fides.p 360

41 SALGHI R; (2000). Diferentes sectores de tratamento de água. Edição ESKA, p 83-87

que se pode esperar de um tratamento de oxidação biológica. Se a relação CQO/CQO for inferior a 3, podemos dizer que o efluente é facilmente biodegradável, o tratamento biológico deve ser capaz de eliminar a maior parte da poluição (Ramade 1998) .[40 42 43]

3.3 Outros elementos:

A) Azoto:

O azoto encontra-se na água dos lagos sob a forma orgânica e sob a forma mineral (nítrico, nitroso e amoniacal), as suas fontes de enriquecimento natural são a atmosfera através da precipitação; é também fixado por certas bactérias e certas algas verde-azuladas, o azoto orgânico é mineralizado e depois oxidado (nitrificação) mas, ao mesmo tempo, uma parte deste azoto desaparece pelo fenómeno inverso da desnitrificação (Pesson et al., 1976).

B) Fósforo:

O fósforo é um mineral essencial para a vida dos organismos (humanos, animais, plantas, algas e bactérias). Nos seres humanos e nos animais, é utilizado principalmente para produzir ADN, enquanto nas plantas e nas algas, o fósforo é essencial para o desenvolvimento. Promove o crescimento e a reprodução. Este elemento encontra-se principalmente nas rochas e na parte superficial dos solos, nas

forma de fosfatos. No entanto, a maior parte de todo o fósforo nos solos não está naturalmente disponível para os organismos (Kim b, 2014) .[44]

[42]BLIEFERT CetPerraudSSS R., (2001).Química do ambiente: área, água, solos residuais. Edição de Boeck 2ª edição, Bruxelas 285-336
[43]Ramade F., (1998). Dicionário enciclopédico da água. Edition Edi science international, Paris.487 p
[44]Kim b.(2014).Fate of phosphorus in filters planted with reeds: study of its retention/release and influencing factors. Instituto Nacional de Ciências Aplicadas de Lyon. Tese de doutoramento em Ciências do Ambiente Industrial e Urbano.181 p

C) Zinco:

O zinco é um metal dúctil, de cor azul-acinzentada, que reage com bases e ácidos e mancha em contacto com o ar. O zinco é classificado como o 24º elemento mais abundante na crosta terrestre, com uma concentração de 70mg/l. O zinco é utilizado principalmente na proteção do ferro e do aço (galvanização) como revestimento (25% do consumo global) e na produção de cobre (20%) (Amirouche, 2011)

D) Níquel:

O níquel é um metal que possui numerosos derivados solúveis (cloreto, sulfato, nitrato) e insolúveis (sulfureto, carbonato, óxido) na água. Na patologia profissional, a exposição resulta da produção do metal a partir dos seus minérios, do fabrico de ligas, da niquelagem por eletrólise, do fabrico de baterias de níquel-cádmio, do fabrico de moedas, etc. O modo de penetração é então principalmente pulmonar e ligeiramente cutâneo (Hoet, 2007) .[45]

E) Crómio:

O crómio é um elemento químico da família dos metais de transição. É um metal duro com uma cor branco-azulada. É solúvel em Hcl e H2SO4, mas não em HNO3, HPO4 ou HClO4, graças à formação de camadas protectoras. Resiste à oxidação pelo ar e é frequentemente utilizado em ligas, cromagem e cerâmica. O crómio está presente em pequenas quantidades na natureza e concentra-se preferencialmente nas rochas básicas; ao contrário das rochas siliciosas, a sua solubilidade é baixa em relação aos fenómenos de lixiviação do solo. O crómio puro é raramente utilizado na indústria, com exceção do fabrico de aços especiais (dopagem para obtenção de caraterísticas mecânicas superiores). Em contrapartida, os seus derivados são muito utilizados, nomeadamente na indústria química com os dicromatos. Estes sais de crómio são utilizados como mordentes de corantes e como corantes (verde-cromo,

[45]Hoet P., (2007).Níquel e compostos. EMC - Toxicologia e patologia do trabalho. Universidade Católica de Lovaina, Faculdade de Medicina. Volume 53, n°11.p 9.

vermelho-cromo, etc.). O crómio é um elemento estranho à água e a sua presença está ligada às descargas das oficinas de galvanoplastia. Assim, como o crómio é anfotérico, pode existir na água sob várias formas: o estado catiónico encontra-se nas águas naturais com pH ácido. Como a oxidação dos compostos de crómio é instantânea, o crómio pode encontrar-se no estado trivalente (cromites) ou hexavalente (cromatos e dicromatos) (Het P, 2007).

F) Micropoluente:

Os micropoluentes presentes na água incluem uma multiplicidade de compostos minerais e orgânicos cujos efeitos nos organismos vivos podem ser tóxicos a concentrações muito baixas (geralmente da ordem dos microgramas por litro). A contaminação das águas superficiais deve-se principalmente a descargas diretas (esgotos não ligados a um sistema de depuração, por exemplo), ao escoamento de água sobre superfícies contaminadas ou à erosão das partículas do solo. As águas subterrâneas são contaminadas devido à infiltração de micropoluentes no solo e no subsolo. Distinguimos entre fontes pontuais, em que as fontes de poluição são claramente identificadas (descargas industriais, poluição acidental, descargas de águas residuais domésticas), e fontes difusas ligadas principalmente às actividades agrícolas e à precipitação atmosférica (CHALON et al., 2014). .[46]

4. Norma de descarga:

4.1. Definição: São as qualidades máximas dos materiais poluentes que podem ser libertados num determinado ambiente recetor. As normas respondem a leis nacionais que podem ser adoptadas (Rejsek, 2002) .[47]

Todas as descargas industriais apresentam impurezas minerais e orgânicas cuja natureza e concentração elevada são muito semelhantes de uma fábrica para outra. Por conseguinte, estas descargas requerem tratamentos muito diversos. As descargas industriais requerem uma investigação específica para cada tipo

[46]Chalon A, Leroy d, Thome j, Goffarta, Bastin b, Brahy v, Delloye F, Hennebe P., (2014).Micropoluentes, água e ambiente aquático P 1-2.
[47]Rejesek F., (2002). Análise da água, aspeto regulamentar e técnico, França. p 170-195

de indústria e a utilização de processos de tratamento específicos (Dégrement, 1978).

A tabela nº 3 representa os valores recomendados para a qualidade da água potável pela OMS, (1992).

Settings	Values Recommended (VR)	Remarks
Arsenic	0.01mg/L	Climatic conditions, volume of water consumed and input from other sources must be considered when developing national standards. The total of the concentration proposal of each in relation to their recommended value must not exceed
Cadmium	0.003mg/L	
Copper	2mg/L	
Cyanide	0.07mg/L	
Fluoride	1.5mg/L	
Lead	0.01mg/L	
Manganese	0.003mg/L	
Mercury (total)	0.001mg/L	
Nickel	0.02mg/L	
Selenium	0.01mg/L	
Nitrate ($NO3^-$)	50mg/L	
Nitrites ($NO2^-$)	3mg/L	
Chlorine	5mg/L	
Ammonia	1.5mg/L	
Aluminum	0.2mg/L	
Chloride	250mg/L	
Hydrogen sulfide	0.05mg/L	
Iron	0.3mg/L	
ph	6.5 - 8.5mg/L	
Sulfate ($SO4^{--}$)	250mg/L	
Chemical Oxygen Demand	50 -300 mg/L	
Biological Oxygen Demand after 5 days	5mg/L	

Fonte: Traçado por nós próprios a partir do relatório da OMS (1992): OMS, 1992. Normas internacionais para a água potável. Genebra, 37p

Tabela n.º 4: Diretrizes da OMS aplicáveis à água potável e efeitos adversos (Cox, 1967).

Chemical substances or characteristics	**Maximum allowable values**	**Health Effect or Adverse Reaction for High Concentrations**
Arsenic	0.050mg/L	Cancer risk
Cadmium	0.0050mg/L	Mephrotoxic effects
Chromium	0.050mg/L	Toxin
Cyanide	0.0100mg/L	Toxin
Fluoride	1,500mg/L	Dental and bone fluoride
Mercury	0.001mg/L	Toxin, neurological impairment
Nitrate (in nitrogen)	10,000mg/L	Methemoglobinemia
Lead	0.50mg/L	Accumulation in blood and tissues
Total solid matter	100mg/L	Unpleasant taste
Total organic matter	0.2mg/L	Toxin
Aluminum	0.2mg/L	Neurological double parasite staining with peritonealitics
Chloride	250mg/L	Unpleasant taste corrosion with hot
Total hardness	50mg/L (CaCO3)	Excessive deposit
Iron	0.3mg/L	Unpleasant taste, parasitic coloring, proliferation of Ferro bacteria
Manganese	0.1mg/L	Unpleasant taste, parasitic coloring
ph	6.5-8.5	Unpleasant taste corrosion
Sodium	200mg/L	Dirty taste

Sulfate	200-400 mg/L $SO4^{--}$	Gastrointestinal irritation in the presence of Mg, U, Na
Turbidity (suspended matter)	5-25 NTU	Risk of gastrointestinal irritation, reduced disinfection effectiveness
Temperature	< 30°C	No indicative effect
Ammonia	0.05mg/L	Corrosion, proliferation of organisms
Nitrate	0.1mg/L	Methemoglobinemia in infants
Dissolved oxygen	5mg/L	Unpleasant taste and odor, corrosion proliferation of organisms
Zinc	5.0mg/L	Astringent flavor opalescence, granular deposit

Fonte: Cox CR, 1967. Water treatment techniques and control. OMS, 53p

4.2 Definição de tratamento de efluentes industriais:

O tratamento de efluentes industriais é definido como o conjunto de técnicas físico-químicas e biológicas que permitem eliminar e reduzir a concentração de poluição nas descargas industriais, com o objetivo de proteger os meios naturais (Dégréement, 1978).

4.3. Os diferentes processos de tratamento de efluentes industriais :

1. Tratamentos preliminares:

Este tipo de tratamento é muito variado e diversificado, podemos citar:

- **Crivagem**: permite a eliminação de elementos grosseiros através de grelhas;

- **Desarenação**: que elimina os elementos mais pesados por decantação;
- **Desengordurамento**: que consiste na remoção de gorduras
- **Desoleamento**: que permite a eliminação de óleos

2. Tratamentos físico-químicos:

O objetivo do tratamento físico-químico é o seguinte Transformar certos poluentes em produtos menos nocivos; Separar as duas fases água-lamas por processos físicos (Debray, 1977)[48]

3. As principais operações de tratamento físico-químico:

Existem 7 fases de tratamento físico-químico:

1. Redox;
2. Ajuste do pH;
3. Coagulação;
4. Floculação;
5. Decantação;
6. Flotação;
7. Filtragem;

- **Redox**:

Oxidação:

A oxidação permite eliminar uma parte da poluição; permite igualmente

[48] Debray B., (1977). Sistema de apoio à decisão para o tratamento de resíduos especiais. Tese, para obtenção do grau de doutor, Ciência e Tecnologia dos Resíduos, Lyon, 313 p

reduzir a atividade das espécies que modificam a solubilidade dos metais.

Desconto:

A redução diz respeito principalmente ao crómio hexavalente, que não precipita neste estado de oxidação. Assim, passa-se para o estado de oxidação 3 (Cr+3). O bissulfito de sódio (hidrogenossulfito de sódio NaHSO3) é geralmente utilizado (Debray, 1977)

- **Ajuste do pH (neutralização)**:

O objetivo da neutralização é levar o pH da solução a um valor compatível, ou seja, entre 6,5 e 8,5, para permitir a precipitação dos metais. (Debray, 1977)

- **Coagulação:**

É utilizada para aglomerar partículas muito pequenas (nomeadamente colóides com menos de 1 μm). Os sólidos são frequentemente demasiado pequenos e assentam com dificuldade, tornando impossível a sua eliminação. Para facilitar a sua gestão, utilizamos agentes químicos chamados coagulantes, que podem ser metálicos (sais metálicos e polímeros metálicos), minerais (cal) ou orgânicos (polielectrólitos catiónicos, etc.).

A adição de coagulantes permite:

- Um aumento do seu tamanho e um assentamento mais rápido;
- Reduzir a turvação,
- a concentração de poluentes dissolvidos (metais, fósforo, matéria orgânica) por precipitação ou mesmo cor (Crini e Badot, 2007) .[49]

- **Floculação:**

Após a desestabilização, as partículas coloidais tendem a aglomerar-se quando entram em contacto umas com as outras. A taxa de aglomeração das partículas

[49]CriniG, Badot M., (2007). Tratamento e purificação de águas industriais poluídas. Imprensa Universitária de
Franche-Comté, França.p 24

depende da potabilidade dos contactos e da sua eficácia (Desjardins, 1997) .[50]

A floculação tem por objetivo facilitar a separação dos sólidos em suspensão, que podem provir do efluente inicial ou resultar da precipitação. Podemos utilizar um floculante como o sulfato de alumínio ou de ferro (Debray, 1977)

➢ **Decantação**:

É um processo utilizado em praticamente todas as estações de depuração e tratamento de águas, que tem por objetivo eliminar as partículas em suspensão cuja densidade é superior à da água.

Existem vários tipos de decantação:

- Decantação de partículas discretas;
- Decantação das partículas de floculação;
- Decantação lenta;
- Decantação na compressão de lamas (Desjardins, 1997)

➢ **Flotação**:

A flotação é um processo de separação líquido-sólido, baseado na formação de um conjunto denominado engate. Esta técnica é principalmente adequada para eliminar partículas com diâmetro entre 1 e 400µm (Cardot, 2010) .[51]

3.7 Filtragem

A filtração é um processo destinado a clarificar um líquido que contém matérias em suspensão, fazendo-o passar através de um meio poroso constituído por material granular.

A retenção destas partículas ocorre na superfície dos grãos graças a forças físicas (Cardot, 1999).

[50]Desjardins R., (1997). Water treatment. 2ª edição, Montreal, p 38-48.
[51]Cardot C., (1999). Tratamento da água. Edição, Ellipses, Paris, França. p 43

3. Tratamento biológico:

Estes processos utilizam organismos vivos (bactérias) para degradar a matéria orgânica. As impurezas devem ser biodegradáveis e não conter toxinas. A depuração biológica reproduz em reactores específicos um fenómeno que teria ocorrido naturalmente nos rios. No final deste processo, as bactérias constituem as "lamas" que devem ser separadas da água purificada. Em função da tecnologia utilizada, estas culturas bacterianas podem ser livres (lamas activadas) ou fixas (leitos bacterianos e biofiltros) (HAJJI et al. 2012)[52]. Antes de aplicar processos biológicos, são necessários alguns pré-tratamentos.

[52]HAJJI C, BENDOU A, MOUHANNI H, HASSOU M., (2012).Qualidade físico-química dos efluentes da estação de tratamento de águas de porão dos navios no porto de Agadir-Marrocos. Revue Internationale d'Héliotechnique .p 14-22-44.

Quadro 5: Exemplo de pré-tratamento necessário antes da aplicação de processos biológicos

(CRINI E BADOT, 2007)

Polluant	Traitement
✓ Matières en suspensions	➢ Décantation et flottation
✓ Alcalinité et acidité	➢ Neutralisation
✓ Traces d'hydrocarbures	➢ Séparation / déshuilage
✓ Métaux	➢ Physico-chimique et / ou chimique
✓ Molécules toxiques	➢ Coagulation et floculation
✓ Effluant riche en matière organique	➢ Oxydation
✓ sulfure	➢ Précipitation

4. Tratamento das lamas:

Qualquer processo de depuração conduz a um "concentrado de poluição" que se encontra naquilo a que vulgarmente se chama lamas.

Na estação de tratamento, estas lamas, após espessamento, são desidratadas em diferentes tipos de dispositivos:

- Filtro prensa;
- Filtros de correia de prensa, como o Super Press;
- Centrifugadoras;
- parafusos de pressão.

O tratamento da água deve também centrar-se no destino a dar a estas lamas desidratadas. Atualmente, o aterro é o destino mais comum (70%), mas é um destino caro e cada vez mais difícil de sustentar. Existem outros destinos, como a incineração (5%), a valorização agrícola (25%), que exige a monitorização do solo e das águas subterrâneas, e a reciclagem como material de aterro. (Delporte e Berardo, 2004)[53]

Podemos limitar a produção de lamas:

- Redução de perdas em oficinas e fábricas
- limitar o mais possível a utilização de reagentes

Utilizar de preferência quando estão adaptados, processos biológicos que conduzem a uma baixa produção de lamas (Dégrement, 2005)

A tabela abaixo representa os valores recomendados para a qualidade da água potável pela OMS (1992).

IV.LITERATURA EMPÍRICA

A qualidade físico-química da água fornece informações sobre a localização e a avaliação de um nível de poluição, com base num conjunto de parâmetros. Com base em valores de referência, é avaliada através de vários parâmetros (Rodier, 2005): Qualidade física: matéria em suspensão, turvação, transparência, temperatura, condutividade e salinidade; Qualidade química: pH, sais minerais, matéria orgânica (Carência Biológica de Oxigénio em 5 dias e Carbono Orgânico Dissolvido), oxigénio dissolvido, nutrientes (nitritos, nitratos, amónio, fosfatos, sílica), pesticidas, etc. Estes parâmetros permitem adquirir conhecimentos de base, desenvolver um acompanhamento para detetar as perturbações e implementar um acompanhamento para dar feedback sobre a gestão. A avaliação da qualidade das águas de superfície baseia-se na medição dos parâmetros físico-químicos e químicos, bem como na presença ou ausência de organismos aquáticos e de microrganismos, indicadores de uma qualidade mais ou menos boa de uma água.

Para Blieffert e Perraud, (2001): A temperatura da água desempenha um

---

[53]Delporte C, Berardo P., (2004). Tratamento biológico de efluentes industriais líquidos. Revisão, OndeoIndustrialSolution, n°36.p 29-31

papel importante no que diz respeito à solubilidade de sais e gases, incluindo, entre outros, o oxigénio necessário para o equilíbrio da vida aquática. Além disso, a temperatura aumenta as taxas de reacções químicas e bioquímicas por um fator de 2 a 3 para um aumento de temperatura de 10 graus Celsius (°C). A atividade metabólica dos organismos aquáticos é, portanto, também acelerada quando a temperatura da água aumenta.

Para RODIER (1984): A temperatura da água é um parâmetro de conforto para os utilizadores. Permite igualmente corrigir os parâmetros de análise cujos valores estão ligados à temperatura (nomeadamente a condutividade eléctrica). Além disso, ao evidenciar os contrastes de temperatura da água num meio, é possível obter informações sobre a origem e o fluxo da água.

Bremond e Perrodon (1979): A temperatura é um fator importante na vida aquática, que pode afetar as propriedades da água e mesmo a sua qualidade (Bremond e Perrodon, 1979).

Willy et al (2014): mostra-nos que a turbidez tem influência na solubilidade do oxigénio, mas também de outros elementos químicos. Além disso, a temperatura afecta muitas reacções físico-químicas. Por exemplo, as temperaturas elevadas facilitam as reacções de oxidação dos derivados de azoto (NH4 +, NO2 -) e, consequentemente, conduzem a uma redução do nível de oxigénio dissolvido. Mais uma vez, o aumento da temperatura tem uma dupla influência na fisiologia das espécies, aumentando o metabolismo, por um lado, e reduzindo a dissolução do oxigénio na água quando a temperatura aumenta.

Chapman et al. (1996). O pH é uma medida de acidez que é a concentração de iões de hidrogénio (H+). Indica o equilíbrio entre ácidos e bases numa massa de água, que é uma medida da concentração de iões de hidrogénio em solução. O pH é medido numa escala de 0 a 14. O valor médio 7 corresponde a uma solução neutra a 25°C; valores inferiores a 7 indicam condições ácidas, e valores superiores a 7 são caraterísticos de condições alcalinas. O pH das águas naturais pode variar entre 4 e 10, consoante o carácter ácido ou básico do terreno atravessado. Um pH baixo (águas ácidas) aumenta notavelmente o risco de presença de metais numa forma iónica mais tóxica. Um pH elevado aumenta as concentrações de amoníaco, que é tóxico para os peixes. O pH da água mede o seu carácter "ácido". O pH é determinado pela concentração de protões (protão = H+) contidos na água: quanto mais baixo for o pH, mais protões a água contém e é ácida. Nas águas naturais, o pH varia de 3 a 8.

Simoneau (2004) mostra que o pH influencia a toxicidade de vários elementos, regulando um grande número de reacções químicas. A variação habitual é de 6,3 a 8,3 unidades de pH. Nas águas naturais pouco sujeitas às actividades humanas, o pH depende da origem dessas águas e da natureza geológica do subsolo. As chuvas ácidas, as descargas de esgotos e as águas de drenagem podem provocar variações.

A condutividade eléctrica (CE) é uma expressão numérica da capacidade de uma solução conduzir corrente eléctrica. Aumenta com o teor de sólidos dissolvidos. Dá uma boa indicação das alterações na composição da água, e especialmente da sua concentração mineral. A maioria dos sais minerais em solução são bons condutores. Por outro lado, os compostos orgânicos são maus condutores. A condutividade eléctrica padrão é geralmente expressa em mili/siemens por metro (mS/m) a 20°C. A condutividade da água natural situa-se entre 50 e 1500 µS⁄cm. Quando se observam alterações notáveis na condutividade de um lago, é sinal de um aumento das entradas de substâncias dissolvidas provenientes da bacia hidrográfica. No entanto, é difícil dizer se os materiais que causam uma alteração provêm de minerais naturais ou de poluentes e, por conseguinte, apenas a análise laboratorial indica com exatidão a natureza dos minerais dissolvidos no lago. O intervalo de variação habitual é de 20,0 a 339,0 µS⁄cm.

Pescod (1985): mostra que a estimativa da quantidade total de materiais dissolvidos pode ser obtida multiplicando o valor da condutividade por um fator empírico que depende da natureza dos sais dissolvidos e da temperatura da água. O conhecimento do teor de sais dissolvidos é importante porque cada organismo aquático tem as suas próprias exigências relativamente a este parâmetro. As espécies aquáticas geralmente não toleram variações significativas nos sais dissolvidos, o que pode ser observado, por exemplo, no caso de derrames de águas residuais.

Langlois e Sloterdijk, (1989): A matéria em suspensão inclui toda a matéria mineral ou orgânica que não se dissolve na água. Incluem argilas, areias, sedimentos, pequenas matérias orgânicas e minerais, plâncton e outros microorganismos da água (Langlois e Sloterdijk, 1989).

Lounnas, (2008): A quantidade de matéria em suspensão varia, nomeadamente, em função das estações do ano e do regime de escoamento da água. Estes materiais afectam a transparência da água e reduzem a penetração da luz e, consequentemente, a fotossíntese. Podem também interferir com a respiração dos peixes. Além disso, as matérias em suspensão podem acumular quantidades elevadas de materiais tóxicos (metais, pesticidas, óleos minerais, hidrocarbonetos aromáticos policíclicos, etc.). Os sólidos em suspensão são expressos em mg/l.

Roy (2013): O oxigénio dissolvido (OD) é a quantidade de oxigénio presente em solução na água a uma determinada temperatura. É utilizado para a respiração pelos organismos aquáticos que necessitam de uma quantidade mínima de oxigénio para sobreviver. A concentração de OD é essencial para a manutenção da vida e, portanto, para os fenómenos de degradação da matéria orgânica e da fotossíntese. As concentrações de oxigénio dissolvido, juntamente com os valores de pH, constituem um dos parâmetros de qualidade da água mais importantes para a vida aquática. O oxigénio dissolvido nas águas superficiais provém principalmente da atmosfera e da atividade fotossintética das algas e plantas aquáticas. A concentração de oxigénio dissolvido varia diariamente e sazonalmente porque depende de muitos factores como a pressão parcial de oxigénio da atmosfera, a temperatura da água, a salinidade, a penetração da luz, a agitação da água e a disponibilidade de nutrientes. Esta concentração de oxigénio dissolvido é também função da taxa de depleção do ambiente em oxigénio pela atividade dos organismos aquáticos e dos processos de oxidação e decomposição da matéria orgânica presente na água.

Adje et al., (2019) mostra-nos que: Em geral, quanto mais próxima a concentração de oxigénio dissolvido (DO) estiver da saturação, maior será a capacidade de absorver a poluição:

- [OD] < 1 mg O2/l: próximo do estado anaeróbio. Este estado ocorre quando os processos de oxidação dos resíduos minerais, da matéria orgânica e dos nutrientes consomem mais oxigénio do que o disponível. Um baixo teor de OD provoca um aumento da solubilidade dos elementos tóxicos libertados pelos sedimentos.

- uma [OD] de 1 a 2 mg O2/l indica uma massa de água fortemente poluída mas reversível
- [OD] de 4 a 6 mg de O2/l caracteriza uma água de boa qualidade;
- níveis mais elevados do que o teor natural de oxigénio indicam eutrofização do ambiente, resultando numa intensa atividade fotossintética. As espécies de peixes sensíveis podem ser afectadas por níveis de oxigénio inferiores a 4 mg/l

Roy (2013) prova que a concentração de DO da água é influenciada pela sua temperatura: quanto mais baixa for a temperatura da água, mais oxigénio pode conter. Assim, uma baixa concentração de DO na parte profunda do lago (hipolimnion) está frequentemente associada a uma forte decomposição da matéria orgânica proveniente de uma elevada biomassa de algas e plantas aquáticas. Os aportes de nutrientes, como o azoto e o fósforo, contidos, entre outros, nos resíduos orgânicos produzidos pela atividade humana, como os resíduos industriais, agrícolas e urbanos, reduzem a quantidade de DO, aumentando a biomassa de plantas aquáticas e a degradação bacteriana da matéria orgânica.

Os lagos eutróficos são caracterizados por uma falta de oxigénio no hipolimnion. Uma diminuição do OD pode ter impactos negativos no ecossistema do lago, uma vez que quanto mais baixa for a concentração de OD, maior será a diminuição da biodiversidade. Por último, sem o OD, o fósforo contido nos sedimentos pode ser libertado através de processos químicos complexos. Este fica então disponível para as plantas aquáticas que o utilizam para proliferar, o que aumenta a quantidade de matéria orgânica a decompor.

Cogels, (1997), diz o seguinte: Elementos como o azoto (N) e o fósforo (P) são nutrientes essenciais (nutrientes) para as plantas. Os compostos que o contêm, como os fosfatos e os nitratos, constituem, por conseguinte, materiais nutritivos de eleição para as plantas. As concentrações de nitritos (NO2 -), nitratos (NO3

-), amoníaco ($NH3 +$) e amónio ($NH4 +$), fosfatos ($PO3 -$), azoto (N) e fósforo (P) são, por conseguinte, parâmetros importantes para o controlo da qualidade das águas de superfície. Os fosfatos são utilizados na composição de muitos detergentes. Devem ser degradados e hidrolisados por bactérias em ortofosfatos para serem assimilados por outros organismos aquáticos. O teor total de fósforo inclui não só os ortofosfatos mas também os polifosfatos (detergentes, resíduos industriais) e os fosfatos orgânicos.

Lisec (2004): A eutrofização já pode ocorrer com concentrações de fosfato relativamente baixas (50 μg P/l)). As águas naturais não poluídas contêm geralmente poucos nitratos. Os nitratos presentes na água podem provir de fontes indirectas ou diretas. Na ausência de oxigénio, ocorre a reação oposta à descrita acima: as bactérias anaeróbias transformam os nitratos e produzem amoníaco (NH3) ou amónio ($NH4 +$). O amónio em si não é nocivo. Quando o pH aumenta, encontramos o amoníaco, um gás solúvel na água e tóxico para a vida aquática. Os problemas surgem a partir de uma concentração de 0,1 mg NH3/l. O aumento do pH pode ocorrer na sequência de fenómenos de eutrofização ou de descargas de águas residuais alcalinas. A lixiviação do solo após a aplicação de fertilizantes, as águas residuais domésticas e certas águas residuais básicas são fontes diretas de nitratos.

Cavalheiro, (2013) diz que Sem o fitoplâncton, as massas de água seriam um imenso deserto líquido, é o conjunto de organismos vivos que flutuam passivamente na água. É constituído por mais de 6000 espécies diferentes, só é visível através de um microscópio, e revela uma beleza insuspeita. Representa apenas 1% da biomassa dos organismos fotossintéticos do planeta, mas assegura 45% da produção. vegetal (fixação do carbono mineral (CO2) em carbono orgânico). Mas o fitoplâncton é sobretudo a principal fonte de alimento do plâncton animal, indispensável à alimentação da macrofauna. O fitoplâncton desenvolve-se na zona "fótica" que recebe luz suficiente para permitir a fotossíntese, ou seja, pelo menos 1% da intensidade luminosa recebida à superfície. Se, teoricamente, esta zona pode estender-se até 200 m no mar, geralmente é menos e depende diretamente da transparência da água. De facto, a maior parte do fitoplâncton desenvolve-se entre 0 e 15 metros de profundidade. A quantidade e a composição do fitoplâncton variam muito ao longo do tempo porque estão envolvidos muitos parâmetros: migrações verticais diárias em função da intensidade luminosa, sucessões sazonais de diferentes grupos em função da temperatura, composição espetral da luz, transparência da água, disponibilidade de nutrientes, atividade de predação da fauna selvagem, etc. Embora a maior parte do fitoplâncton seja marinho, é também composto por numerosas espécies de água doce.

Groga (2012): A água doce e, em particular, as águas superficiais, que representam um recurso vital para o homem, estão ameaçadas por diversas poluições de origem antropogénica. O fitoplâncton reage a estas alterações e pode ser considerado como um indicador da degradação da qualidade das águas continentais. Na União Europeia, é proposto pela DQA (Diretiva-Quadro da Água) como um elemento de qualidade biológica dos meios aquáticos. A proliferação do fitoplâncton tem um impacto direto nos ecossistemas aquáticos, provocando alterações na diversidade e na dinâmica das populações. Além disso, certas espécies, incluindo as cianobactérias, são susceptíveis de sintetizar toxinas que provocam envenenamentos mais ou menos graves, representando riscos significativos para a saúde humana e animal. As utilizações da água podem assim ser limitadas por estas contaminações.

O Professor ALEX LINA ALEC da UOB, de nacionalidade congolesa, apresenta a sua tese de doutoramento na Universidade de Liège sobre o tema "Avaliação das cargas poluentes (domésticas e industriais) que chegam ao Lago Kivu na cidade de Bukavu, RD. Congo " como as águas do Lago KIVU são poluídas, afirmando que a sua investigação revelou à Pharmakina, a emissão de cargas significativas, estimadas em 5,2 kg de CQO; 1,8 kg de CBO5 e 1,2 kg de MES por kg de sulfato farmacêutico produzido, há descarga no lago, com um aumento de 36,6% (CQO), 35,7% (CBO5) e de 36,8% (MES) por 1 kg de cloridrato de quinino produzido. A Pharmakina, indústria do sector fitoquímico, descarrega os seus efluentes brutos na albufeira, o que representa um risco significativo para as populações e os recursos haliêuticos da albufeira.

CAPÍTULO 2: P RESENTAÇÃO DO AMBIENTE DE ESTUDO E DA METODOLOGIA.

I. APRESENTAÇÃO DO AMBIENTE DE ESTUDO:

A/ APRESENTAÇÃO DO DISTRITO DE MULAMBULA

a) Localização geográfica do distrito de Mulambula

- A norte, junto ao lago Kivu e ao distrito de Nyakavogo
- Para sul: através do bairro CIKERA, e CIKONYI
- A oeste: junto ao rio Mugaba, o distrito de LUMUMBA e NYAKAVOGO;
- A leste: junto ao rio Chula e ao bairro CIKONYI

Relevo, solo, clima e hidrografia do distrito de Mulambula

b) O alívio

O relevo da cidade de Bukavu é muito irregular e sobe, à medida que se afasta do lago Kivu, com uma inclinação variável de cerca de 75%. O ponto mais baixo corresponde ao nível do lago, ou seja, 1460 m de altitude, e o mais alto situa-se em Cimpunda (2192 m, cume do Bongwe): ponto mais alto de Bukavu, ou seja, um 58° desnível de 732 m. A cidade de Bukavu tem várias unidades de socorro devido à sua natureza acidentada (DSCRP, Kivu Sul 2006).

c) Chão:

O solo de Bukavu é vulcânico, argiloso, permeável, pertence inteiramente ao grupo dos solos argilosos de cor avermelhada, é relativamente fértil, mas está ameaçado pela erosão pluvial devido às chuvas intensas, ao relevo montanhoso, à sua textura e à insuficiência do sistema de canalização das águas e do sistema viário urbano (DSCRP, Kivu Sul 2006). A pluviosidade tem consequências negativas consideráveis no processo de deterioração da cidade, em que os resíduos não evacuados contribuem fortemente para acelerar a erosão, bloqueando sarjetas e esgotos, pela sua acumulação nas estradas e nas ruas, constituindo assim uma lama malcheirosa e criando canais, ravinas ou mesmo deslizamentos de terras.

d) A vegetação :

A vegetação natural de Bukavu era uma savana arborizada, substituída por eucaliptos, abacateiros e várias espécies artificiais (DSCRP, Kivu Sul 2006).

e) Hidrografia:

A hidrografia de Bukavu é dominada, segundo o DSCRP, Kivu Sul (2006), pelo lago Kivu e pelo rio Ruzizi, para além de nascentes e outros rios como Bwindi e , Cula

A empresa PHARMAKINA está situada entre o rio CULA e o rio MUGABA (rio Bwindi). Todos estes rios descarregam as suas águas no lago KIVU, onde a empresa descarrega os seus efluentes.

f) O clima :

O clima é húmido, temperado pela altitude. A precipitação média é de cerca de 1500-2000 mm/ano, a temperatura média anual é de 20,5°C, com um máximo absoluto que varia entre 28,2°C e 31°C no início da estação das chuvas e um mínimo absoluto que varia entre 9,9°C e 13°C durante a estação seca, raramente atingindo um nível inferior a 10°C. A insolação é máxima em julho-agosto. O clima chuvoso estende-se por pelo menos 8 meses, sendo o mês de setembro o início deste período, que termina em meados de maio. Clima tropical e temperado na baixa altitude, a 1.500 m do nível do mar nas comunas de Ibanda e Kadutu e a 1.600 m na de Bagira. Este clima é próximo do subequatorial ou tropical húmido, felizmente de curta duração. Mas, a dada altura, é caracterizado por dez dias de chuva intensa durante a estação das chuvas, quando os solos já estão encharcados. Estes ficam parcialmente liquefeitos, desencadeando a sua soliflução. Esta soliflução afecta as encostas provocando lama que bloqueia as estradas.

B/ APRESENTAÇÃO DA EMPRESA PHARMAKINAL PHARMAKINA:

1. Panorama histórico e criação da empresa :

A Pharmakina é uma empresa agroindustrial e farmacêutica de direito congolês, com sede em Bukavu. Proveniente da Boehringer Mannheim, uma multinacional alemã com uma longa experiência no sector do quinino desde 1856, a Pharmakina tem as suas raízes na cooperativa de agricultores que criou a fábrica de produção de quinino (CongoKina) em 1942. Em colaboração com o grupo belga German, este último assumiu o estatuto de sociedade anónima congolesa de responsabilidade limitada e denominou-se Pharmakina em 1956. A empresa alemã Boehringer Mannheim adquiriu a totalidade das acções em 1961 e, em 1997, vendeu-a ao grupo suíço Hoffman La Roche. Apenas um ano mais tarde, a Roche vai desfazer-se dela e de dois dos seus antigos empregados, MM. Horst Gebbers e Etienne Erny compram-na e tornam-se seus proprietários. São necessários investimentos significativos para completar a cadeia de produção até ao produto acabado. A empresa é considerada o maior empregador do Kivu do Sul, com cerca de 1.910 trabalhadores distribuídos por diferentes locais. A Pharmakina foi a primeira estrutura em África a produzir quinino a partir da casca de cinchona e continua a ser um dos principais produtores de sais de quinino e de toda uma gama de medicamentos em comprimidos, xarope ou mesmo soluções injectáveis, destinados a combater a malária, que é uma das doenças mais mortíferas na África subsariana.

Antes de 1999, exportava o produto semi-acabado (Tota quina) para Mannheim para ser transformado em produtos acabados. Assim, após um tratamento e uma análise rigorosos nos seus laboratórios, os medicamentos são colocados no mercado e vendidos sob a forma de comprimidos, líquidos e injectáveis.

Envolvida num programa de diversificação dos seus produtos, a Pharmakina produz anti-retrovirais graças ao apoio da Cooperação Técnica Alemã, também conhecida como GTZ (atualmente GIZ). A produção de anti-retrovirais oferecidos sob a marca Afrivir@ foi inaugurada a 11 de julho de 2005. Além disso, acaba de plantar 400 hectares de Prunus Africana, cuja casca será utilizada para extrair os alcalóides para a produção de um novo produto para o tratamento da próstata. Os relatórios estabelecidos pela Pharmakina (com. pess.) mostram as produções mensais de bissulfato de quinino (17.500 kg), sulfato bruto (25.000 kg), sulfato técnico (30.000 kg) e totaquina (10.000 kg). Destes produtos, a Pharmakina produz mensalmente 5.000 kg de sulfato farmacêutico e 3.150 kg de cloridrato de quinino como produtos acabados exportáveis. Estes valores estão em conformidade com os mencionados por diversas fontes, que referem uma produção de 100 toneladas de sais de quinino pela Pharmakina a partir de 2400 toneladas de casca de cinchona (Cynchona Iedgeriana) tratada.

2. Finalidade e objetivo

1°) Objetivo da empresa Pharmakina

A Pharmakina tem por objeto o tratamento, a cultura, a compra, a venda, a comercialização e a exploração de todos os produtos vegetais, nomeadamente a cinchona. É igualmente necessário saber que o seu objetivo é a produção, importação, exportação, comercialização e embalagem de todos os produtos farmacêuticos e químicos, o transporte de todas as mercadorias por conta própria ou por conta de terceiros, bem como qualquer operação industrial, agrícola, comercial e financeira relacionada com estas diferentes actividades. A empresa Pharmakina/Bukavu pode exercer qualquer atividade direta ou indiretamente relacionada com o seu objeto social. Pode participar, através de contribuição, compra, fusão, observação ou subscrição, em todas as sociedades ou empresas com um objeto semelhante, análogo ou acessório, ou de natureza a favorecer o da empresa, ou que sejam susceptíveis de lhe fornecer materiais ou facilitar a venda dos seus produtos.

2°) Objectivos, missão e actividades da empresa

Quando a Pharmakina foi criada, os acionistas estabeleceram um objetivo que era o tratamento do quinino. O seu principal objetivo é produzir um quinino eficaz capaz de combater a malária em todas as suas formas. Como a Pharmakina não é uma associação sem fins lucrativos, podemos dizer que o seu objetivo é também obter um lucro capaz de sustentar os seus trabalhadores e a própria sociedade. É uma empresa industrial, que compra matérias-primas, transforma-as e vende os produtos a um preço de custo (PR) superior a todos os custos, a fim de obter lucro. Hoje em dia, a empresa PK desenvolveu muitas outras actividades que nada têm a ver com o seu objeto social. Na referida sociedade já existe o que se designa por alimenkina.

Alimenkina é o conjunto de actividades que a empresa PK desenvolvia para fornecer alimentação aos seus trabalhadores. Entre estas actividades podemos citar a venda de arroz, carne de porco, farinha de milho, tomate, donuts e muitas outras empresas que não permitem que os trabalhadores recebam o seu salário porque para alguns o produzem. é obrigatório.

É preciso salientar que todas estas actividades não são um ativo dos trabalhadores, mas sim um passivo. Estes últimos subscrevem a preços mais baixos, mas durante o pagamento são obrigados a pagar mais do que aquilo que tinham subscrito. Tudo isto para reforçar o empobrecimento dos seus trabalhadores que hoje já não sabem se se devem demitir ou não. Tem também como objetivo reduzir o desemprego, porque o número de trabalhadores diários e temporários não pára de aumentar. O sistema de recrutamento de trabalhadores diários e temporários para um contrato a termo só permite que todos se envolvam.

3. Posição geográfica do PK

A PK é uma empresa agroindustrial e farmacêutica com sede em Bukavu, precisamente na comuna de Bagira, distrito de Mulambula, a 4 km da estrada Bukavu-Goma. Juridicamente, é uma sociedade de responsabilidade limitada

(SCARL) registada com o número comercial 0018. No início, a quantidade de quinino produzida nesta cidade era insuficiente, o que exigiu a ampliação dos edifícios. A fábrica foi então transferida para MANHEIM que, devido à localização geográfica favorável no Reno com portos marítimos, apresentava vantagens para as novas indústrias em ascensão. O PK está situado no Km 4 da cidade de Bukavu, na estrada Bukavu-Goma. A sua área estende-se inteiramente pela comuna de Bagira, no distrito de Mulambula.

Durante muito tempo houve controvérsia sobre a exploração da cinchona selvagem, agora propomos cultivá-la não só em todas as regiões tropicais, mas também fora delas.

4. Forma jurídica da PK

A Pharmakina é uma sociedade anónima de responsabilidade limitada.

5. As atribuições ou organizações funcionais do PK

A empresa Pharmakina é gerida por um diretor financeiro, que é o número 1 da empresa, e por um diretor de recursos humanos. Este é assistido pelos diretores gerais dos diferentes serviços que, por sua vez, colaboram com os chefes de departamento, de sector e outros trabalhadores. Em suma, o organigrama que temos acima mostra-nos as estruturas da empresa Pharmakina. Esta tem quatro direcções, a saber:

- A direção geral ;
- O Departamento Administrativo e Financeiro;
- O Departamento Agronómico e de Produção;
- Gestão de Recursos Humanos.

C/ APRESENTAÇÃO DO LAGO KIVU

O lago Kivu (2 700 km2), situado na fronteira com a República Democrática de
Congo e Ruanda, é um dos grandes lagos de África e o mais perigoso dos três lagos eromatosos do continente, porque contém grandes quantidades de gases tóxicos, asfixiantes e com efeito de estufa (sulfureto de hidrogénio, dióxido de carbono e metano) susceptíveis de se desgaseificarem subitamente em caso de terramoto .[1]

A sua foz, no rio Rusizi, alimenta o sul do lago Tanganica. O lago está a uma altitude de 1.460 m. Encontramos aí Idjwi, a segunda maior ilha do continente africano, com um comprimento de 40 km e uma área de 285 km2. No fundo do lago, cerca de 500 m de sedimentos cobrem o embasamento cristalino pré-cambriano. A norte do lago, as anomalias magnéticas são devidas a antigos derrames vulcânicos[2] . A salinidade aproxima-se dos 4‰ no fundo do lago.

O primeiro europeu a aceder-lhe foi um alemão, o conde Gustav Adolf von Gotzen, em 1894. As cidades congolesas de Goma e Bukavu estão próximas do lago. No Ruanda, são Gisenyi, Kibuye e Cyangugu. Ganhou uma triste notoriedade durante o genocídio dos Tutsi no Ruanda em 1994, tendo muitas vítimas sido atiradas para lá.

1.Origem

A origem do lago Kivu é diferente da dos outros lagos do leste congolês, que são maioritariamente de origem tectónica (East African Rift). A sua configuração morfológica assemelha-se à de um reservatório natural, com as suas numerosas baías e ilhas, estas últimas desaparecendo para norte.

Trata-se dos vulcões do Virunga, que bloqueavam o fluxo sul-norte de uma rede hidrográfica que tinha as suas nascentes no planalto de Bafulero, perto do monte Mulhi.

Este lago é caracterizado por uma forte estratificação térmica e química: o dióxido de carbono, o sulfureto de hidrogénio e o metano estão fortemente "presos" nas águas profundas, mas podem ser libertados episodicamente, com graves riscos para a população e a vida selvagem.

2. Legenda

A egundo uma lenda da região dos "Grandes Lagos", a origem do lago Kivu é feita de sumo de amor da rainha da terra das mil colinas. Esta rainha teria escolhido um guarda real como seu amante e ele, ansioso, teria tremido e não teria conseguido penetrá-la. O seu pénis trémulo, roçando o clítoris da rainha, ter-lhe-ia dado tanto prazer que ela ejaculou, dando assim origem ao lago Kivu. É assim o símbolo do orgasmo intenso e da ejaculação feminina.

3.Metano

Nos anos 1950/1960, investigadores belgas demonstraram que este lago continha metano [7]e dióxido de carbono (de origem magmática[8]).
A génese deste metano e a explicação da sua acumulação são debatidas desde há muito tempo. [9]; pensava-se, nomeadamente, que era de origem vulcânica e/ou proveniente da decomposição de matéria orgânica, e procura-se compreender melhor o funcionamento dos poços de metano (nas camadas superiores oxigenadas do lago, certas bactériasmetanotróficas [10]degradam o metano antes de este chegar à atmosfera) [11]Lake.

4. Localização geográfica

O lago Kivu está situado no leste da RDC, entre 1 °94 de latitude sul, no ponto mais setentrional da extremidade norte da baía de Kabare, e 19 °53' de longitude leste.

É partilhada por dois países africanos, o Congo e o Ruanda, situados a uma altitude de 1463.

Trata-se de um lago de montanha que é o mais alto de todos os lagos do Congo e da África Central (HCCKY, 1987).

A diferença de temperaturas à superfície varia durante o ano entre 23 e 10°C, com uma média de 23°C.

Trata-se de um reservatório vulcânico, que inclui 5 bacias, nomeadamente a bacia de Bukavu, a bacia de Ishungu, a bacia de Kalehe e a bacia de Idjwi Oriental e Setentrional.

A superfície do lago é de cerca de 2370 km .[2]

O seu comprimento é de 96 km, a largura média é de 45 km e a profundidade é de 240 m.

O volume total de água é de 315 m. Inclui 150 ilhas que cobrem uma área de 315 km2.

5. Caraterísticas físico-químicas

Um volume de 53 milhões de km3 de gás metano evidenciou a sua existência sobre as águas profundas do lago Kivu, provavelmente proveniente, por um lado, da fermentação anaeróbica da matéria orgânica do plâncton sedimentar após a sua morte (SCHMITZ e KUFFERATH, 1956).

As águas do lago são significativas e as suas condições físico-químicas variam com a profundidade. Assim, a densidade das águas superficiais é de 0,999 e aumenta até uma profundidade de 100 a 350 m (Schmitz e Kufferath, 1955). As diferentes camadas de água espalhadas por uma profundidade significativa (485m) impedem o movimento de massas devido às ondas internas que são possíveis e são geradas graças à ação do vento de superfície.

As águas superficiais da lagoa são carbonatadas, magnesianas e alcalinas e depositam cascalho nas margens.

Pode haver variações locais no conteúdo destes constituintes. A população de Bukavu, por exemplo, tem dificuldade em beber água do mesmo lago de Goma devido à sua elevada salinidade emprestada pelas larvas de Goma ricas em feldspatóides e minerais ricos em cálcio (calcite, zedite).

Para além do seu teor de metano, o Lago Kivu tem também 190 milhões de m3 de CO2, 4 milhões de m3 de N2 e 1,4 milhões de toneladas de enxofre.

Para além destas substâncias, as análises da água do lago efectuadas pela equipa do Instituto Oceanográfico Words- Hole de Massachisetts, em colaboração com o IRSAC Lwiro, constataram a curiosa presença de etano, propano, butano e hexano.

6. Biodiversidade do lago

Devido às suas origens estimadas em 16 000 anos, o lago é relativamente pobre, a sua biodiversidade é essencialmente recente, pouco modificada pelas condições do lago.

A sua fauna inclui:

1. Moluscos: uma espécie de bivalve, duas espécies de prosobrânquios, das quais a mais difundida é a tubercualta melanoide e espécies de pulmanes.
2. Peixes: 17 espécies, incluindo: 9 espécies de barbus, 7 espécies de haplochromus e 1 espécie de limnothrissa introduzidas do Lago Tanganica.
3. Ostrocodes: 3 espécies
4. Copepodes: harcapacticoides: 2 espécies

Quadro n°6: A fauna Ichtyo do lago KIVU

	SPECIES	HABITAT
CLARIIDAE	Clarias liocephalus	littoral
	Clarias goreipnus	Littoral
	Clarias conasia	Littoral
	Bagrus doenae	littoral
CICHLIDAE	Oreichromis niloticus (Tilapia nilotica)	littoral
	Oreichromis macrochir	littoral
	Tilapia rendali	Coastline and pelagic
	Haplocromis vittatus	Coastal + Pellagic
	Happlochromis odolphifrederici	Coastal + pelagic
	Haplochromis nigroides Happlochromis occultidents	coastal
	Haplochromis crebidens	coastal
	Happlocromis microcrysomelas	coastal
	Haplocromis insidae	coastal
	Happlocromis rubesenscens	coastal
CLUPEIDAE	Limnotrhrissa miodon	Coastal + pelagic

II.2. METODOLOGIA DO ESTUDO:

Esta parte do documento é dedicada à apresentação do modelo de análise de dados e à abordagem utilizada para obter as informações necessárias à realização do estudo. Os resultados das amostras analisadas são efectuados através de três técnicas: pesquisa documental, observações e análises laboratoriais.

Pesquisa documental: Começámos por fazer um inventário de documentos sobre as condições insalubres, a urbanização, a gestão de efluentes, o impacto dos efluentes industriais no ambiente, a dinâmica comunitária e o perfil ambiental na cidade de Bukavu. Estas obras foram consultadas em várias bibliotecas, mas também algumas foram consultadas em vários sítios Web, pois também utilizámos a Webografia. Esta análise documental permitiu a exploração de artigos, obras, documentos especializados, bem como documentos cartográficos e estatísticas. Os artigos e trabalhos científicos foram os mais privilegiados porque são os documentos científicos por excelência, autenticados por editoras que aplicam o rigor científico que os legitima.

Os documentos especializados utilizados foram obras, artigos, relatórios, documentos estratégicos de ministérios ou organismos especializados no domínio da saúde, trabalhos de fim de ciclo (dissertações e teses) sobre o ambiente, a água, a higiene e o saneamento, boletins e revistas de informação. Estes suportes forneceram-nos informações gerais e por vezes muito pormenorizadas sobre as condições sanitárias, os problemas ligados à fauna e à flora aquáticas, a gestão dos resíduos e o seu impacto no ambiente.

Documentos cartográficos: a análise baseou-se em mapas de saúde.

Documentos estatísticos: Dados estatísticos relativos à população e às suas caraterísticas para compreender como a forte demografia da cidade de BUKAVU está exposta aos efluentes não tratados descarregados pela empresa PHARMAKINA na zona costeira do lago KIVU na fábrica de cerveja.

Observação no terreno: a observação permitiu-nos recolher dados primários. Percorremos a zona costeira do Lago KIVU que toca o distrito de Mulambula com o objetivo de aprofundar o nosso conhecimento sobre a situação estudada. Esta observação permitiu constatar as diferentes formas de ocupação do espaço (habitação, atividade, população), o estado das condições insalubres e o seu impacto no ambiente, o estado dos canais de evacuação destes efluentes para o Lago KIVU, as suas localizações e os resíduos e águas pluviais que se misturam com estes efluentes da Companhia Farmacêutica durante a estação das chuvas.

Por fim, a observação direta permitiu-nos fazer o ponto da situação dos diferentes métodos e práticas de gestão dos resíduos, avaliando simultaneamente o estado de degradação do ambiente na sequência da presença desta ação não meritória.

Para ilustrar a realidade no terreno, tirámos algumas fotografias que ilustram as nossas conclusões.

Amostragem: A amostragem representa uma etapa crucial em qualquer investigação científica porque condiciona a validade dos resultados. A exigência de representatividade da amostra impõe rigor na escolha das unidades de investigação

À primeira vista, revelou-se essencial determinar o número de dias de produção.

Para tal, convém recordar que as actividades da Pharmakina decorrem durante 5 dias da semana e são interrompidas aos fins-de-semana, para serem retomadas à segunda-feira. Multiplicando os 5 dias por 52 (número de semanas por ano), obtemos 260 dias de produção; subtraindo os 10 dias feriados reconhecidos pela legislação congolesa, obtemos 250 dias de produção na Pharmakina ao longo de um ano, o que corresponde a 21 dias de produção por mês. Os nossos cálculos serão efectuados com base neste número de dias de produção e, na ausência das respectivas produções mensais da Pharmakina, basear-nos-emos nos valores de produção que nos foram comunicados e incluídos na secção "Apresentação da Pharmakina" para calcular a poluição específica.

Com o objetivo de estudar o impacto das descargas da zona industrial na qualidade da água, foram realizadas três campanhas de amostragem para análises físico-químicas. As amostras foram colhidas até transbordar em garrafas de PVC, lavadas com água destilada, depois com a água a amostrar e depois tapadas.

A água foi recolhida em frascos de plástico previamente lavados no laboratório MURHUNDU, na estação de tratamento químico de água REGIDESO, na província de Kivu do Sul, na RD Congo. Os parâmetros físico-químicos (temperatura, turvação, odor, cor, pH, condutividade, oxigénio dissolvido) foram medidos no laboratório MURHUNDU, de acordo com os métodos normalizados de análise da água.

A amostragem é efectuada através da recolha de amostras representativas de acordo com várias condições:

- As garrafas de plástico PVC preparadas para a recolha de amostras são adequadas para as análises específicas planeadas pelo laboratório de análises;
- Durante a amostragem, os frascos de amostragem devem ser lavados várias vezes com água destilada e, em seguida, com a água a ser amostrada, enchidos sem espaço e adequadamente preservados;
- Antes de serem enviadas para o laboratório, as garrafas de amostras são identificadas no local através de uma etiqueta com os seguintes elementos: o nome da amostra; a data e a hora da recolha; os pontos de libertação em causa e a natureza das libertações.

Utilizámos alguns dispositivos para analisar as amostras colhidas após uma hora da colheita da última amostra e utilizámo-las como dispositivo:

- O turbidímetro: para medir a turvação da água
- O medidor de PH para avaliar a acidez, neutralidade ou basicidade da

água

- O termómetro: para avaliar a temperatura da água
- O medidor de condutividade: para avaliar a condutividade da água
- O oxímetro: para avaliar o oxigénio dissolvido
- Cheiro, cor, sabor: utilizámos os nossos órgãos dos sentidos e, para confirmar os resultados encontrados, utilizámos os sentidos de 20 outras pessoas que afirmaram o mesmo.
- O teor de cloro para verificar a desinfeção dos seus efluentes foi medido utilizando um comparador de cloro: pegamos numa quantidade de água num frasco, enxaguamos a parte do comparador que vai receber esta

amostra, depois despejamo-la nesta parte, adicionamos DPD (DicloroFenilDiamina); agitamos um pouco durante 2 minutos e depois a cor da amostra será comparada com as indicações no comparador.

Foi a insegurança reinante na cidade que ditou a escolha de recolher apenas durante o dia e não à noite. Assim, dispúnhamos de 20 garrafas de 1 litro cada, as amostras de água guardadas numa caixa isolada ao fim do dia; estas respectivas amostras permitiram formar uma única amostra média.

As nossas amostras foram recolhidas em 4 locais: os locais da saída de água justa na empresa PHARMAKINA (aí recolhemos 5 amostras), no meio do curso do efluente que sai na Fábrica, recolhemos no recinto da empresa ONC onde estes efluentes passam duas amostras também na cerca do senhor antes destes efluentes serem descarregados diretamente na zona costeira do Lago KIVU no distrito de Mulambula.

Na zona costeira do distrito de Mulambula, recolhemos 10 amostras ao nível do epilimnion não na zona de susto ou na zona totalmente costeira comparada com a realidade da cidade de Bukavu, estas amostras foram distribuídas da seguinte forma: 3 na margem esquerda do curso de efluentes, 3 na margem direita do curso de efluentes e 4 a norte do curso de efluentes onde por observação direta vemos a modificação das águas do lago pela cor dos efluentes que vêm da Empresa PHARMAKINA

Temperatura e potencial hidrogeniónico (pH):

Princípio

A temperatura e o pH da amostra são medidos da forma convencional com um medidor de pH equipado com uma sonda de temperatura.

Modo de funcionamento:

- Verificar se o medidor de pH está ligado à rede eléctrica ou se as pilhas estão em condições de funcionamento;
- Ligar o medidor de pH;
- Retirar a cápsula que protege a sonda de medição

- Lavar a sonda com água destilada;
- Verificar e calibrar o medidor de pH com pelo menos duas soluções padrão (7 e 10 ou 7 e 4, consoante a gama de medição a efetuar);
- Verter uma quantidade de amostra a analisar para um copo;
- Mergulhar a sonda de medição no meio a analisar, agitar o elétrodo para eliminar as bolhas de ar retidas na área e esperar que a leitura estabilize;
- Efetuar a leitura do pH

Existe outro método para medir o pH no momento da amostragem, que consiste em utilizar uma tira indicadora de pH, neste caso a temperatura é medida com um termómetro. A medição da temperatura deve ser efectuada no momento da recolha.

Oxigénio dissolvido: O oxigénio dissolvido presente na água é o resultado das trocas entre a atmosfera e a superfície da água, bem como da atividade fotossintética do fitoplâncton (Alzieu, 1989). É medido por meio de um oxímetro (sonda de oxigénio), esta sonda é constituída por uma célula eletroquímica contendo 2 eléctrodos metálicos banhados num eletrólito e fechados por uma membrana permeável ao oxigénio, a dosagem efectuada diretamente por imersão dos eléctrodos na água (Rodier et al., 2005).

Condutividade eléctrica: A condutividade eléctrica da água (CE) é a condutância de uma coluna de água entre dois eléctrodos metálicos com uma área de superfície de 1 cm2 e separados um do outro por 1 cm. É o inverso da resistividade eléctrica (ρ). A célula de condutividade é lavada várias vezes com água de amostragem e depois imersa no recipiente que contém a amostra de água a examinar. Note-se que a medição é efectuada tendo em conta que a sonda de temperatura está o mais próximo possível da célula CE. Com efeito, a condutividade eléctrica de um líquido depende em grande parte da sua temperatura. Esta última será então registada com muita precisão durante a medição.

A dimensão da nossa amostra foi determinada pela seguinte fórmula:

$$n = \frac{Z^2\alpha_{,N\,.\,P.(1-P)}}{\varepsilon^2.(N-1) + Z^2\alpha.\ P.(1-P)}$$

With n= sample size

Z: Value of the normal distribution at the threshold$\alpha = 1,96$

α= confidence interval or risk threshold (5%)

ε=level of precision desired by the researcher: 10%

P= proportion of obtaining a good sample which is equal to 50%

(1-P) = proportion of obtaining a poor sample

$$n = \frac{(1,96)^2 \times 21142\ \times 0,5 \times (1-0,5)}{(0,1)^2 \times (2388-1) + (1,96)^2 \times 0,5 \times (1-0,5)}$$

$$n = \frac{20304{,}7768}{(0{,}01\times 2387)+0{,}9604} = \frac{2293{,}4353}{23{,}020788} = 99,6 \text{ OUT OF 100}$$

O número de parâmetros físico-químicos analisados, incluindo a temperatura, a turbidez, o pH, o odor, o sabor, a cor, a condutividade, o cloro e o oxigénio dissolvido, ou seja, 20 amostras para 9 parâmetros reconhecidos na mulambula, atingiram mais de 100 dos resultados esperados de acordo com a fórmula demonstrada acima. 99,6

CAPÍTULO 3: ANÁLISE DOS DADOS E INTERPRETAÇÃO DOS RESULTADOS

No início (na saída do efluente na Fábrica):

Aqui recolhemos 5 amostras de cinco locais diferentes na primeira parte, onde se trata da saída de efluentes da Fábrica.

LOCAL DE AMOSTRAGEM DE EFLUENTES INDUSTRIAIS

QUADRO N°7 SÍTIO1: APENAS NA FÁBRICA COM 5 AMOSTRAS

FONTE: Traçado por nós próprios a partir de resultados de laboratório

Samples	1	2	3	4	5	units
Physical parameters						
Turbidity	16	17	18	19	20	NTU
Temperature	31.6	30.8	30.3	29.8	29.1	°C
Smell	YES	YES	YES	YES	YES	-
Taste	YES	YES	YES	YES	YES	-
Color	YES	YES	YES	YES	YES	AZN
Chemical parameters						
PH		8.65	8.65	9, 30	9.40	-
Conductivity	132 3	1625	1230	2344	2243	µS
Chlorine	NO	NO	NO	NO	NO	(µg/l) Cl
Dissolved oxygen	3.8	3.6	3.9	2, 3	1.7	mg/L

Da saída dos efluentes na fábrica PHARMAKINA: Verifica-se nesta tabela que os parâmetros físico-químicos dos efluentes da empresa PHERMAKINA estão acima das normas, a turvação é superior a 5NTU, a temperatura destes efluentes está fora de acordo com as normas da OMS, os efluentes são coloridos e libertam odor, há ausência de cloro para a desinfeção destes efluentes antes da sua descarga, o PH é muito básico, a condutividade é superior a 1000µS, o Oxigénio dissolvido é inferior a 5mg/l.

Local 2: NO MEIO DO CURSO DE EFLUENTES QUE PASSA PARA A EMPRESA ONC PARA DESCARREGAR NA ÁGUA

Nesta parte do ambiente, recolhemos em dois locais e em cada local recolhemos três e duas amostras, o que perfaz um total de 10 amostras nesta parte do curso de efluentes da empresa PHARMAKINA.

a) Tabela n°8: Resultados do sub-sítio n°2 No meio do curso de efluentes da empresa PHARMAKINA na entidade ONC

Samples	1	2	Units
The physical parameters of the site			
Turbidity	43.91NTU	37.71	NTU
Temperature	24.9°C	23.1°C	°C
Smell	YES	YES	-
Color	YES	YES	-
Taste	YES	YES	AZN
Chemical parameters			
PH	9.50	9.20	-
Conductivity	1598	2589	µS
Chlorine	NO	NO	(µg/l) Cl
Dissolved oxygen	3.5	4.5	mg/L

Fonte: Traçado por nós próprios a partir de resultados laboratoriais

A partir das amostras recolhidas destes efluentes que passam na concessão do ONC a meio do percurso, alguns parâmetros aumentam os seus valores e os efluentes ficam cada vez mais longe dos padrões recomendados pela OMS e pelas leis nacionais: turbidez elevada acima dos padrões, PH alcalino, condutividade acima dos padrões, presença de corantes, odor, sabor e oxigénio dissolvido abaixo dos padrões.

Tabela no. 9: b) Resultados do sub-sítio no. 2 No meio do fluxo do efluente da empresa PHARMAKINA na parcela antes de ser descarregado na zona costeira do Lago KIVU no distrito de Mulambula

Samples	1	2	3	units
Physical parameters				
Turbidity	25 NTU	24,34NTU	22.14NTU	NTU
Temperature	25°C	24.5°C	23.4°C	°C
Color	YES	YES	YES	AZN
Smell	YES	YES	YES	-
Taste	YES	YES	YES	-
Chemical parameters				
PH	9.18	9.47	9.50	-
Conductivity	1222	1745	1432	µS
chlorine	NO	NO	NO	(µg/l) Cl
Dissolved oxygen	2.8	2.2	2.5	mg/L

Fonte: Traçado por nós próprios a partir de resultados laboratoriais

Da nossa tabela resulta que a turvação é elevada, a temperatura média destes efluentes nesta parte do percurso é de 24,3°C; a coloração dos efluentes, o cheiro faz-se sentir, e o sabor para quem prova objetivamente estes efluentes.

O PH é básico, a condutividade é mais elevada e o oxigénio dissolvido é inferior a 5g/l.

SÍTIO N.º 3: AMOSTRAGEM NA ZONA COSTEIRA AO NÍVEL DA EPILEMÊNCIA

Tabela no. 10: Subsítio 1. Na direção da margem direita dos efluentes na zona costeira ao nível do EPILEMNION: Caso do distrito de Mulambula

Samples	1	2	3	Units
The physical parameters of the waters of Lake Kivu at the epilemenion level				
Turbidity	28.75	32, 34	26.14	NTU
Temperature	25°C	24.5°C	23.4°C	°C
Smell	YES	YES	YES	-
Color	NO	NO	NO	AZN
Taste	YES	YES	YES	-
The chemical parameters of the waters of Lake Kivu in the coastal zone: epilimnion				
PH	9.29	8.47	9.50	-
Conductivity (µs)	1625	1856	1926	µS
Chlorine	NO	NO	NO	(µg/l) Cl
Dissolved oxygens	4.8	4.2	4.5	mg/L

Fonte: Traçado por nós próprios a partir de resultados laboratoriais

Ao nos debruçarmos sobre o nosso quadro n°10: Neste local da zona costeira, ao nível do epilimnion, encontramos uma turvação média de 29 NTU, o que nos leva a constatar que os efluentes da empresa PHARMAKINA são turvos, a temperatura de 24,3 °C, a cor é pouco visível e o cheiro permanece, mas não muito sentido se a atenção for excluída, a cor não está lá, mas o sabor permanece, mesmo que seja diferente do efluente que sai diretamente da fábrica.

Tabela no. 11: Subsite 2; Na direção da margem esquerda dos efluentes na zona costeira ao nível do Epilimnion: Caso do distrito de Mulambula

Fonte: Traçado por nós próprios a partir de resultados laboratoriais

Samples	1	2	3	Units
The physical parameters of the waters of Lake Kivu at the epilimnion level				
Turbidity	42.4	56.3	54.20	NTU
Temperature	24.8°C	22.2°C	22.5°C	°C
Smell	YES	YES	YES	-
Color	LITTLE VISIBLE	LITTLE VISIBLE	LITTLE VISIBLE	AZN
Taste	YES	YES	YES	-
The chemical parameters of the waters of Lake Kivu in the coastal zone: epilimnion				
PH	9.10	9.14	10.19	-
Conductivity	2554	2055	1945	µS
Chlorine	NO	NO	NO	(µg/l) Cl
Dissolved oxygens	3.2	2.5	3, 3	mg/L

O nosso quadro mostra-nos que na parte esquerda da entrada do efluente no lago KIVU, ao nível da zona litoral no epilimnion, a turbidez é elevada, a temperatura média calculada em 24,16°C, a cor é pouco visível, o cheiro permanece, o sabor, o PH é muito básico, a condutividade elevada, o oxigénio dissolvido inferior a 5g/l.

Todos os resultados das nossas amostras são 100%, ou seja, para qualquer elemento, a mesma realidade é afirmada em todas as amostras recolhidas no local.

Quadro n° 12: Sub-sítio: 3 A zona costeira onde os efluentes são descarregados seguindo a linha do calvário

Samples	1	2	3	4	units
Turbidity	30, 32	43.8	56.32	42.62	NTU
Temperature	21.8	22.2	22.5	21.4	°C
Smell	YES	YES	YES	YES	-
Color	VERY VISIBLE	VERY VISIBLE	VERY VISIBLE	VERY VISIBLE	AZN
Taste	YES	YES	YES	YES	-
Parâmetros químicos das águas do lago Kivu na zona costeira: epilimnion					
PH	9,19	9.14	9.19	10.2	-
Conductivity	2144	2943	1840	1932	µS
Chlorine	YES	YES	YES	YES	(µg/l) Cl
Dissolved oxygens	3.9	4.2	3.5	3.4	mg/L

Origem: Determinação por nós próprios a partir dos resultados de análises laboratoriais.

Do nosso quadro n°12, onde os efluentes são descarregados na zona costeira seguindo a linha do calvário, resultam os seguintes resultados: uma turbidez muito elevada a 100%, uma temperatura média de 21,97°C, o odor presente, a cor muito visível nesta parte e a modificação que provoca, o PH muito básico a 100%, a condutividade muito elevada a 100%, a ausência de cloro e o oxigénio dissolvido muito reduzido.

A alcalinidade da água corresponde à presença de hidrogenocarbonatos, carbonatos e hidróxidos. O título alcalino (TA) mede o teor da água em hidróxidos e carbonatos livres. O título alcalimétrico completo ou TAC corresponde ao teor de hidróxidos de carbonato e de hidrogenocarbonato livres. Estas determinações baseiam-se na neutralização de um volume de água com um ácido mineral diluído.

CAPÍTULO 4: DISCUSSÃO DOS RESULTADOS E RECOMENDAÇÕES

IV.1 DISCUSSÃO DOS RESULTADOS

Este trabalho tem como objetivo responder a duas questões, nomeadamente:

1.1. Qual seria o impacto dos efluentes da fábrica PHARMAKINA nas águas da zona costeira da fábrica de cerveja no lago KIVU?

2. Quais são os problemas diretos e indirectos dos seus efluentes sobre a biodiversidade da zona costeira da fábrica de cerveja do lago Kivu?

Seguindo a lógica segundo a qual uma hipótese é uma resposta provisória às questões que colocamos sobre o objeto de investigação, considerámos importante formular as seguintes respostas provisórias:

Hipótese no. 1: O impacto dos efluentes da Indústria PHARMAKINA na zona costeira do Lago Kivu no distrito de Mulambula seria a modificação dos parâmetros físico-químicos da água nesta zona.

Aparece nos nossos sítios e nos nossos quadros:

1. A partir do nosso local n°1 onde os efluentes saem diretamente da empresa PHARMAKINA apresentados na tabela n°7 foram observadas as seguintes realidades após as análises no laboratório MURHUNDU: uma temperatura elevada entre 29,1-31,6°C, Oxigénio dissolvido na gama de 1.7- 3,9mg/l, a condutividade entre 132 e 2243, a turvação entre 16 e 20, um PH muito alcalino entre 8,65 e 9,40, a presença de coloração destes efluentes descarregados, o gosto e o cheiro destes efluentes

   Estes resultados levam-nos a dizer que dadas as caraterísticas apresentadas por estes efluentes da empresa PHARMAKINA no meio recetor destes efluentes é continuamente modificado, estes parâmetros físico-químicos alteram o meio recetor que é a zona costeira do lago KIVU ao nível da vizinhança. Mulambula.

Portanto, os impactos dos efluentes da Indústria PHARMAKINA na zona costeira do Lago KIVU no distrito de Mulambula seriam as modificações dos parâmetros físico-químicos das águas desta zona, o que é exato, mesmo por observação direta nota-se uma coloração da água antes que algo seja comprovado por experimentação laboratorial.

2. A partir do local n.º 2 (onde recolhemos amostras no meio do fluxo de efluentes antes da descarga no Lago KIVU: no sub-local n.º 1 a 10 m após a saída do efluente na fábrica e antes de entrar na zona costeira do Lago KIVU apresentada na tabela n.º 3), a amostra foi recolhida na zona de descarga do efluente. 1 a 10 m após a saída do efluente na fábrica e antes de entrar na zona costeira do Lago KIVU apresentada na tabela no. 8 foram observadas as seguintes realidades, mesmo na tabela no. 9: nestes efluentes que passam para a concessão ONC a meio do percurso, certos parâmetros aumentam os seus valores negativos e os efluentes ficam cada vez mais longe dos padrões recomendados pela OMS e pelas leis nacionais: turbidez elevada acima dos padrões, pH alcalino, condutividade acima dos padrões, presença de corantes, odor, sabor e oxigénio dissolvido abaixo dos padrões, o que se justifica pela inexistência de serviços de saneamento adequados.

   Estes resultados aqui encontrados mostram-nos que os efluentes descarregados na zona costeira pela empresa PHARMAKINA modificam os parâmetros físico-químicos das águas desta zona costeira que os recebem.

Para Blieffert e Perraud, (2001): na sua obra intitulada: "Química ambiental: ar, água, solo, resíduos" na página nº. 478 p. Dizemos que: A temperatura da água desempenha um papel importante no que diz respeito à solubilidade de sais e gases, incluindo, entre outros, o oxigénio necessário para o equilíbrio da vida aquática. Além disso, a temperatura aumenta as taxas de reacções químicas e bioquímicas por um fator de 2 a 3 para um aumento de temperatura de 10 graus Celsius (°C). A atividade metabólica dos organismos aquáticos é, portanto, também acelerada quando a temperatura da água aumenta.

Simoneau (2004) mostra que o pH influencia a toxicidade de vários elementos, regulando um grande número de reacções químicas. A variação habitual é de 6,3 a 8,3 unidades de pH. Nas águas naturais pouco sujeitas às actividades humanas, o pH depende da origem dessas águas e da natureza geológica do subsolo. As chuvas ácidas, as descargas de esgotos e as águas de drenagem podem provocar variações.

A condutividade eléctrica (CE) é uma expressão numérica da capacidade de uma solução conduzir corrente eléctrica. Aumenta com o teor de sólidos dissolvidos. Dá uma boa indicação das alterações na composição da água, e especialmente da sua concentração mineral. A maioria dos sais minerais em solução são bons condutores. Por outro lado, os compostos orgânicos são maus condutores. A condutividade eléctrica padrão é geralmente expressa em mili/siemens por metro (mS/m) a 20°C. A condutividade da água natural situa-se entre 50 e 1500 µS⁄cm. Quando se observam alterações notáveis na condutividade de um lago, é sinal de um aumento das entradas de substâncias dissolvidas provenientes da bacia hidrográfica. No entanto, é difícil dizer se os materiais que causam uma alteração provêm de minerais naturais ou de poluentes e, por conseguinte, apenas a análise laboratorial indica com exatidão a natureza dos minerais dissolvidos no lago. O intervalo de variação habitual é de 20,0 a 339,0 µS⁄cm.

Bremond e Perrodon (1979) no seu trabalho sobre: "Parâmetros de qualidade da água. Ministério do Ambiente e da Vida. Prevenção da poluição. 2ª ed., p. 259, confirmam que a temperatura é um fator importante para a vida aquática, que pode afetar as propriedades da água e mesmo a sua qualidade.

Chapman.D e Kimstach (1996). Na sua obra publicada em inglês e intitulada: "Selection of water quality variables. Water quality assessments: a guide to the use of biota, sediments and water in environmental monitoring, Chapman edition, 2nd ed. E&FNS pon, London, pp. 59-126; dizem-nos que o pH é uma medida de acidez que é a concentração de iões de hidrogénio (H+). Indica o equilíbrio entre ácidos e bases numa massa de água, que é uma medida da concentração de iões de hidrogénio em solução. O pH é medido numa escala de 0 a 14. O valor médio 7 corresponde a uma solução neutra a 25°C; valores inferiores a 7 indicam condições ácidas, e valores superiores a 7 são caraterísticos de condições alcalinas. O pH das águas naturais pode variar entre 4 e 10, consoante o carácter ácido ou básico do terreno atravessado. Um pH baixo (águas ácidas) aumenta notavelmente o risco de presença de metais sob uma forma iónica mais tóxica. Um pH elevado aumenta as concentrações de amoníaco, que é tóxico para os peixes. O pH da água mede o seu carácter "ácido". O pH é determinado pela concentração de protões (protão = H+) contidos na água: quanto mais baixo for o pH, mais protões a água contém e é ácida. Nas águas naturais, o pH varia de 3 a 8.

Para RODIERJ(1984) na sua obra intitulada: "Análise da água: Águas naturais, águas residuais, águas do mar; 7ª edição. Dunod, Paris, na página 1365, refere que a temperatura da água é um parâmetro de conforto para os utilizadores. Permite igualmente corrigir os parâmetros de análise cujos valores estão ligados à temperatura (nomeadamente a condutividade eléctrica). Além disso, ao evidenciar os contrastes de temperatura da água num meio, é possível obter informações sobre a origem e o fluxo da água.

Willy et al (2014): mostram-nos que as descargas de efluentes apresentam certos parâmetros que não cumprem as normas e que têm influência na solubilidade do oxigénio, mas também de outros elementos químicos. Além disso, a temperatura afecta muitas reacções físico-químicas. Por exemplo, as temperaturas elevadas facilitam as reacções de oxidação dos derivados de azoto (NH4 +, NO2 -) e, consequentemente, conduzem a uma redução do nível de oxigénio dissolvido. Mais uma vez, o aumento da temperatura tem uma dupla influência na fisiologia das espécies, aumentando o metabolismo, por um lado, e reduzindo a dissolução do oxigénio na água quando a temperatura aumenta.

Hipótese nº. 2: Os problemas diretos e indirectos destes efluentes da Fábrica PHARMAKINA seriam a asfixia das espécies, a perturbação da reprodução, do crescimento e dos processos metabólicos da biodiversidade, a perda de populações de espécies da zona costeira do Lago Kivu no distrito de Mulambula.

Ele emerge do nosso terceiro sítio que é composto de três outros sub-sítios em particular: o local das amostras colhidas dos efluentes na parte direita ou margem direita da evacuação da zona costeira do Lago KIVU no epilimnion que afecta o distrito de Mulambula (3 amostras), os efluentes em direção à parte esquerda (3 amostras) e os efluentes da zona costeira do Lago KIVU seguindo a linha do Calvário do curso (4 amostras) as realidades das tabelas estes: n°10,11 e 12 provam-nos isto.

1. No quadro n.º 10: a turvação da água está acima dos padrões exigidos pela OMS, o PH é muito alcalino, a condutividade é muito elevada, o oxigénio dissolvido está abaixo dos padrões, o sabor ainda está presente, o cheiro está lá mas a cor não é visível a olho nu, o que nos leva a dizer que estes parâmetros não são favoráveis ao desenvolvimento, à reprodução da biodiversidade da zona costeira do Lago Kivu na parte do distrito de MULAMBULA; com um oxigénio dissolvido inferior a 5mg/l, prevê-se a asfixia dos alevins e dos juvenis, o que já foi testemunhado no passado por habitantes muito idosos.
2. O quadro nº. 11 comprova as mesmas realidades da tabela no. 10 exceto no que diz respeito à cor destes efluentes que são pouco visíveis nesta parte da zona ao nível do epilimnion.
3. O quadro nº 12, seguindo a linha do calvário na zona costeira, mostra-nos um aumento dos parâmetros físico-químicos indesejáveis para o bem-estar, a reprodução, o crescimento e o desenvolvimento da biodiversidade na zona costeira do lago KIVU. Estes resultados levam-nos a confirmar as nossas duas hipóteses, não só a primeira, mas também a segunda, o que nos obriga a aceitar que: Os problemas diretos e indirectos dos efluentes da empresa PHARMAKINA seriam a asfixia das espécies, a perturbação da reprodução, do crescimento e dos processos metabólicos da biodiversidade, a perda de populações de espécies na zona costeira do Lago Kivu no distrito de Mulambula.

Os efluentes descarregados na albufeira apresentam um pH alcalino, um elevado grau de mineralização e um oxigénio inferior ao limiar de 5 mg/l. Apesar dos valores de temperatura aceitáveis, estes efluentes mostram uma imagem de poluição que pode afetar negativamente as águas do lago e a biodiversidade do lago, causando múltiplos problemas a esta riqueza. A investigação que realizámos revela que a Pharmakina faz descargas diárias no Lago Kivu.

O meio físico é o principal fator que influencia o pH de um lago, mas também um leito de rocha calcária confere à água uma propriedade básica. Um pH entre 6,5 e 8,5 corresponde à zona de tolerância para a maioria dos organismos vivos. Quando a alteração do pH é significativa, provoca geralmente alterações na flora e na fauna existentes (Hade, 2003).

A temperatura é um importante fator ambiental. A sua elevação pode perturbar gravemente a vida aquática. Este parâmetro rege praticamente todas as reacções físicas, químicas e biológicas (Chapman e Kimstach, 1996). Esta temperatura actua sobre a densidade, a viscosidade, a solubilidade dos gases na água, a dissociação dos sais dissolvidos, bem como sobre as reacções químicas e bioquímicas, o desenvolvimento e o crescimento dos organismos que vivem na água e, nomeadamente, dos microrganismos (Dussart, 1992).

No nosso caso, e de acordo com outros estudos (Guasmia et al., 2016; Boumaraf, 2013), a condutividade é influenciada por factores climáticos, pela geologia das bacias hidrográficas e pelo fornecimento de águas subterrâneas diferentemente mineralizadas.

A quantificação da concentração de oxigénio dissolvido na água de um hidrossistema é um fator bastante importante, uma vez que este participa na maioria dos processos químicos e biológicos em ambientes aquáticos (Brahimi et al., 2014). Se os níveis de oxigénio dissolvido forem inferiores a 2,23 mg/l, o peixe morre. Um teor de 6,70 mg/l a 7,44 mg/l de O2 caracteriza uma água de boa qualidade (Hébert e Légaré, 2000). No nosso estudo, a evolução sazonal do oxigénio dissolvido mostra concentrações muito baixas.

O oxigénio da água é um fator determinante para a distribuição e sobrevivência das espécies (Davis, 1975). De acordo com Aminot e Chaussepied (1983), a quantidade de oxigénio num ecossistema aquático depende de factores naturais como a temperatura, a salinidade, a pressão atmosférica e hidrostática, a turbulência, as correntes, a ressurgência e os processos biológicos. . É aceite que níveis inferiores a 4 mg/l indicam má qualidade ou água poluída (Wetzel, 1983).

Pescod (1985): mostra que a estimativa da quantidade total de materiais dissolvidos pode ser obtida multiplicando o valor da condutividade por um fator empírico que depende da natureza dos sais dissolvidos e da temperatura da água. O conhecimento do teor de sais dissolvidos é importante, uma vez que cada organismo aquático tem as suas próprias exigências no que respeita a este parâmetro. As espécies aquáticas geralmente não toleram variações significativas nos sais dissolvidos, o que pode ser observado, por exemplo, no caso de derrames de águas residuais.

Langlois e Sloterdijk, (1989): A matéria em suspensão inclui toda a matéria mineral ou orgânica que não se dissolve na água. Incluem argilas, areias, sedimentos, pequenas matérias orgânicas e minerais, plâncton e outros microorganismos da água (Langlois e Sloterdijk, 1989).

Lounnas, (2008): A quantidade de matéria em suspensão varia, nomeadamente, em função das estações do ano e do regime de escoamento da água. Estes materiais afectam a transparência da água e reduzem a penetração da luz e, consequentemente, a fotossíntese. Podem também interferir com a respiração dos peixes. Além disso, as matérias em suspensão podem acumular quantidades elevadas de materiais tóxicos (metais, pesticidas, óleos minerais, hidrocarbonetos aromáticos policíclicos, etc.). Os sólidos em suspensão são expressos em mg/l.

Roy (2013): O oxigénio dissolvido (OD) é a quantidade de oxigénio presente em solução na água a uma determinada temperatura. É utilizado para a respiração pelos organismos aquáticos que necessitam de uma quantidade mínima de oxigénio para sobreviver. A concentração de OD é essencial para a manutenção da vida e, portanto, para os fenómenos de degradação da matéria orgânica e da fotossíntese. As concentrações de oxigénio dissolvido, juntamente com os valores de pH, constituem um dos parâmetros de qualidade da água mais importantes para a vida aquática. O oxigénio dissolvido nas águas superficiais provém principalmente da atmosfera e da atividade fotossintética das algas e plantas aquáticas. A concentração de oxigénio dissolvido varia diariamente e sazonalmente porque depende de muitos factores como a pressão parcial de oxigénio da atmosfera, a temperatura da água, a salinidade, a penetração da luz, a agitação da água e a disponibilidade de nutrientes. Esta concentração de oxigénio dissolvido é também função da taxa de depleção do ambiente em oxigénio pela atividade dos organismos aquáticos e dos processos de oxidação e decomposição da matéria orgânica presente na água.

Adje et al., (2019) mostra-nos que: Em geral, quanto mais próxima a concentração de oxigénio dissolvido (DO) estiver da saturação, maior será a capacidade de absorver a poluição:

- [OD] < 1 mg O2/l: próximo do estado anaeróbio. Este estado ocorre quando os processos de oxidação dos resíduos minerais, da matéria orgânica e dos nutrientes consomem mais oxigénio do que o disponível. Um baixo teor de OD provoca um aumento da solubilidade dos elementos tóxicos libertados pelos sedimentos.
- uma [OD] de 1 a 2 mg O2/l indica uma massa de água fortemente poluída mas reversível
- [OD] de 4 a 6 mg de O2/l caracteriza uma água de boa qualidade;
- níveis superiores ao teor natural de oxigénio indicam eutrofização do ambiente, resultando numa intensa atividade fotossintética. As espécies de peixes sensíveis podem ser afectadas por níveis de oxigénio inferiores a 4 mg/l.

Cogels, (1997), diz o seguinte: Elementos como o azoto (N) e o fósforo (P) são nutrientes essenciais (nutrientes) para as plantas. Os compostos que o contêm, como os fosfatos e os nitratos, constituem, por conseguinte, materiais nutritivos de eleição para as plantas. As concentrações de nitritos (NO2 -), nitratos (NO3 -), amoníaco (NH3 +) e amónio (NH4 +), fosfatos (PO3 -), azoto (N) e fósforo (P) são, por conseguinte, parâmetros importantes para o controlo da qualidade das águas de superfície. Os fosfatos são utilizados na composição de muitos detergentes. Devem ser degradados e hidrolisados por bactérias em ortofosfatos para serem assimilados por outros organismos aquáticos. O teor total de fósforo inclui não só os ortofosfatos mas também os polifosfatos (detergentes, resíduos industriais) e os fosfatos orgânicos.

Lisec (2004): A eutrofização já pode ocorrer com concentrações de fosfato relativamente baixas (50 µg P/l)). As águas naturais não poluídas contêm geralmente poucos nitratos. Os nitratos presentes na água podem provir de fontes indirectas ou diretas. Na ausência de oxigénio, ocorre a reação oposta à descrita acima: as bactérias anaeróbias transformam os nitratos e produzem amoníaco (NH3) ou amónio (NH4 +). O amónio em si não é nocivo. Quando o pH aumenta, encontramos o amoníaco, um gás solúvel na água e tóxico para a vida aquática. Os problemas surgem a partir de uma concentração de 0,1 mg NH3/l. O aumento do pH pode ocorrer na sequência de fenómenos de eutrofização ou de descargas de águas residuais alcalinas. A lixiviação do solo após a aplicação de fertilizantes, as águas residuais domésticas e certas águas residuais básicas são fontes diretas de nitratos.

Cavalheiro, (2013) diz que Sem o fitoplâncton, as massas de água seriam um imenso deserto líquido, é o conjunto de organismos vivos que flutuam passivamente na água. É constituído por mais de 6000 espécies diferentes, só é visível através de um microscópio, e revela uma beleza insuspeita. Representa apenas 1% da biomassa dos organismos fotossintéticos do planeta, mas assegura 45% da produção. vegetal (fixação do carbono mineral (CO2) em carbono orgânico). Mas o fitoplâncton é sobretudo a principal fonte de alimento do plâncton animal, indispensável à alimentação da macrofauna. O fitoplâncton desenvolve-se na zona "fótica" que recebe luz suficiente para permitir a fotossíntese, ou seja, pelo menos 1% da intensidade luminosa recebida à superfície. Se, teoricamente, esta zona pode estender-se até 200 m no mar, geralmente é menos e depende diretamente da transparência da água. De facto, a maior parte do fitoplâncton desenvolve-se entre 0 e 15 metros de profundidade. A quantidade e a composição do fitoplâncton variam muito ao longo do tempo porque estão envolvidos muitos parâmetros: migrações verticais diárias em função da intensidade luminosa, sucessões sazonais de diferentes grupos em função da temperatura, composição espetral da luz, transparência da água, disponibilidade de nutrientes, atividade de predação da fauna selvagem, etc. Embora a maior parte do fitoplâncton seja marinho, é também composto por numerosas espécies de água doce.

Groga (2012): A água doce e, em particular, as águas superficiais, que representam um recurso vital para o homem, estão ameaçadas por diversas poluições de origem antropogénica. O fitoplâncton reage a estas alterações e pode ser considerado como um indicador da degradação da qualidade das águas continentais. Na União Europeia, é proposto pela DQA (Diretiva-Quadro da Água) como um elemento de qualidade biológica dos meios aquáticos. A proliferação do fitoplâncton tem um impacto direto nos ecossistemas aquáticos, provocando alterações na diversidade e na dinâmica das populações. Além disso, certas espécies, incluindo as cianobactérias, são susceptíveis de sintetizar toxinas que provocam envenenamentos mais ou menos graves, representando riscos significativos para a saúde humana e animal. As utilizações da água podem assim ser limitadas por estas contaminações.

O Professor ALEX LINA ALEC da UOB, de nacionalidade congolesa, apresenta a sua tese de doutoramento na Universidade de Liège sobre o tema "Avaliação das cargas poluentes (domésticas e industriais) que chegam ao Lago Kivu na cidade de Bukavu, RD. Congo " como as águas do Lago KIVU são poluídas, afirmando que a sua investigação revelou à Pharmakina, a emissão de cargas significativas, estimadas em 5,2 kg de CQO; 1,8 kg de CBO5 e 1,2 kg de MES por kg de sulfato farmacêutico produzido, há descarga no lago, com um aumento de 36,6% (CQO), 35,7% (CBO5) e de 36,8% (MES) por 1 kg de cloridrato de quinino produzido. A Pharmakina, indústria do sector fitoquímico, descarrega os seus efluentes brutos na albufeira, o que representa um risco significativo para as populações e os recursos haliêuticos da albufeira.

Apresenta um certo número de parâmetros dos efluentes da empresa PHARMAKINA nos quadros n°68, 69 e 70 da sua tese e prova a modificação dos parâmetros físico-químicos das águas do lago KIVU pelos seus efluentes, mas também a poluição que constitui uma ameaça para a biodiversidade do lago KIVU.

Willy et al (2014): mostra-nos que a modificação dos parâmetros de um curso de água por uma carga poluente influencia a solubilidade do oxigénio, mas também de outros elementos químicos

Além disso, a temperatura afecta muitas reacções físico-químicas. Por exemplo, as temperaturas elevadas facilitam as reacções de oxidação dos derivados de azoto (NH4 +, NO2 -) e, consequentemente, conduzem a uma redução do nível de oxigénio dissolvido. Mais uma vez, um aumento da temperatura tem uma dupla influência na fisiologia das espécies, aumentando o metabolismo, por um lado, e reduzindo a dissolução do oxigénio na água quando a temperatura aumenta.

RECOMENDAÇÕES

À luz dos resultados deste estudo e das experiências de outras cidades, para uma abordagem integrada na gestão dos efluentes da indústria farmacêutica no distrito de MULAMBULA, comuna de BAGIRA, cidade de BUKAVU, recomendamos que sejam realizadas acções, nomeadamente

1. A criação de uma estação de tratamento de águas residuais:

Esta estação permitirá o tratamento de efluentes

2. Regulamentação da informação ambiental

Impor às indústrias a obrigação de informação e transparência dos riscos ambientais.

- **Regulamentação das descargas de efluentes**

O estabelecimento de uma obrigação de pré-tratamento dos efluentes medicinais para as partes interessadas que geram poluição medicinal (indústrias farmacêuticas). Esta obrigação pode basear-se na responsabilidade alargada do produtor.

- **Regulamentação dos controlos de descarga**

Promover tratamentos adicionais adaptados aos efluentes industriais.

- **Regulamentação do tratamento de águas residuais e de lamas**

Impor o controlo e a ausência de efluentes poluentes.

3. Responsabilidade social das empresas (RSE)

CONCLUSÃO GERAL

Chegámos ao fim deste trabalho que se centrou nos problemas e impactos dos efluentes da empresa PHARMAKINA sobre a biodiversidade da zona costeira do Lago Kivu: Caso do distrito de Mulambula na comuna de Bagira, Cidade de Bukavu, Província do Sul -Kivu na RDC. Tratava-se de mostrar que os efluentes descarregados pela empresa PHARMAKINA na zona costeira do lago KIVU geram problemas que têm impactos diretos e indirectos na biodiversidade da zona costeira do lago Kivu.

Constatamos que as modificações nos parâmetros físico-químicos da água nesta área seriam os impactos diretos da descarga de efluentes pela empresa PHARMAKINA na zona costeira do Lago KIVU no distrito de Mulambula.

Constatámos que os problemas diretos e indirectos destes efluentes da fábrica PHARMAKINA seriam a asfixia das espécies, a perturbação do crescimento e dos processos metabólicos da biodiversidade, a perda de populações de espécies na zona costeira do lago Kivu. no distrito de Mulambula.

O nosso trabalho está estruturado em quatro capítulos (a revisão da literatura e o enquadramento teórico, a apresentação do ambiente de estudo e a metodologia, a apresentação e a análise dos resultados e, finalmente, a discussão dos resultados e as recomendações) para além da introdução, da conclusão e dos anexos. E para verificar as nossas hipóteses, utilizámos os seguintes métodos: histórico-comparativo, analítico-sintético, indutivo, dedutivo e experimental para analisar as amostras colhidas no fluxo de efluentes e na zona costeira do Lago Kivu ao nível do epilimnion, estas análises experimentais foram efectuadas no laboratório REGIDESO de SOUTH KIVU em MURHUNDU.

Tendo em conta o alcance da gestão ambiental no mundo atual, não podemos deduzir que se trata de um domínio em contínua evolução. Porque representa a chave do sucesso para toda a humanidade. Assim, qualquer projeto que pretenda desenvolver-se deve, antes de mais, fazer um balanço das diferentes ameaças a que o ambiente atual está sujeito devido às actividades humanas. No entanto, tendo em conta o nosso trabalho de pesquisa, podemos deduzir das experiências feitas e dos resultados encontrados na zona costeira do Lago

KIVU no distrito de Mulambula ao nível do Epilemnion, os problemas e impactos dos efluentes da empresa. PHARMAKINA na zona costeira do distrito de Mulambula acima mencionada pelas nossas hipóteses.

Por fim, sendo o domínio do Ambiente vasto, não podemos no final deste trabalho pretender ter esgotado todo o material que lhe diz respeito, no entanto pensamos ter aberto caminho a outros investigadores que poderão eventualmente completar-nos para mais esclarecimentos sobre este tema.

Dado que a imperfeição é caraterística de todos os seres humanos, pedimos aos leitores do presente trabalho que não nos considerem demasiado severos.

BIBLIOGRAFIA:

HAS . OBRAS E ARTIGOS

1. Adje DD, Gnohossou PM, Akodogbo HH, Gouissi M., Abahi SK e Okoya GJ, 2019, Estudo da poluição orgânica do rio Okedama na comuna de Parakou, Afrique Science 15(4) 299 - 305.
2. Blieffert C., e Perraud R., 2001, "Química ambiental: ar, água, solo, resíduos", Ed. De Boeck Supérieur, 478 p.
3. Bouziani M., (2000). A água da escassez às doenças. Edição IBN-KHALDOUN. Argel.p9396.
4. Bremond R., Perrodon C., 1979, Parâmetros de qualidade da água. Ministério do Ambiente e da Vida. Prevenção da poluição. 2ª ed: 259 p.
5. Brissaud f, Heurteaux P, Podlejski J, Moutonnet P., (1982). Transferências de dispersão e propagação de pesticidas num solo de arrozal inundado; Journal of Hydrology Volume 57, P 233-245
6. Chapman D. e Kimstach V., 1996, Selection of water quality variables. Water quality assessments: a guide to the use of biota, sediments and water in environmental monitoring, Chapman edition, 2nd ed. E & FNSpon, London, pp. 59-126.
7. Cogels FX, 1997, Monitoring and management of the hydrology and water quality of Lake Guiers (Senegal), Freshwater Contamination (Proceedings of Rabat Symposium S4, April-May 1997).1AHS Publ. no. 243, 10p
8. Dussart B., 1992, Limnologia: o estudo das águas continentais. Ed. N. Boubée, 2ª ed., Paris, 680 p.
9. Gentilhomme V., 2013, Microscopic and essential phytoplankton, Wimereux, Exposição, Universidade de Lille, 14p.
10. Gaujous D., (1995).pollution of aquatic environments, aide-mémoire.2nd edition.11, rue Lavoisier.200 p
11. Groga N., 2012, Estrutura, funcionamento e dinâmica do fitoplâncton no lago Taabo (Costa do Marfim), Tese de Doutoramento, INP Toulouse, 224p.
12. Hade A., 2002, Os nossos lagos: conhecê-los para melhor os

proteger. Edições Fides, 360 p

13. Hébert, S. e Légaré S., 2000, Monitoring the quality of rivers and small watercourses, Quebeque, Direção de acompanhamento do estado do ambiente, Ministério do Ambiente, Envirodoq no ENV-2001- 0141, relatório no. QE-123, 24 p.

14. Hoet P., (2007).Níquel e compostos. EMC - Toxicologia e patologia do trabalho. Universidade Católica de Lovaina, Faculdade de Medicina. Volume 53, n°11.p 9.

15. Langlois C. e Sloterdijk H., 1989, Contamination of Lake Saint-Pierre (St. Lawrence River) by certain organic and inorganic pollutants. Revue des Sciences de L'eau, 2 (4), 659.

16. Molitta R., (2009).tratamento de resíduos. Éditions Tec & Doc - Lavoisier. p 712

17. Ngo.C e Regent.A 2004: Impacto dos resíduos e da poluição no ambiente e na saúde. Ed.Dunod Paris.p128

18. Nollet R (1995): Os problemas ambientais dizem os peritos. Ed. Enterprise for the Environment p285.

19. Pesson p., (1976).poluição das águas continentais, Edition bordas,paris.p 285

20. Ramade F (1979): Ecotoxicologist 2nd Edition.ED.Massions, p223

21. Ramade f, (2008).dicionário enciclopédico da água. Edition Dunod, Paris.p 760

22. Rodier J., 1984, Análise das águas: Águas naturais, águas residuais, águas do mar. 7ª edição. Dunod, Paris, 1365 p.

23. Rodier J et al., (2005). Análise das águas: águas naturais, águas residuais, águas do mar 8ª edição, Dunod, Paris.p 1383

24. Rodier J., Legube B., Merlet N., e 2009, Water analysis, 9th Edition, Dunod, Paris, 1579p.

25. Roy, 2013, Teor de oxigénio dissolvido no lago Memphrémagog, época de verão, Memphrémagog Conservation Inc. (MCI), 50 p.

26. Wilby, RL, Johnson, MF, e Toone, JA, 2014, Temperaturas nocturnas da água dos rios: Variações espaciais e temporais.

Science of The Total Environment, 482-483,

B. TESES, MEMÓRIAS, RELATÓRIOS E OUTROS DOCUMENTOS

1. Brahimi A., Chafi A., 2014, Estudo ecotoxicológico de Wadi Za e do seu afluente Oued Tizeghrane (Baixo Moulouya, Marrocos Oriental), J. Mater. Approximately. Sci. 5 (5): 1671-1682
2. Boumara f B., 2013, Characteristics and functioning of soils in the Oued Righ Valley, north eastern Sahara, Algeria, Tese de doutoramento em pedologia, Univ. de Reims Champagne-Ardenne, França, 108p
3. Debray B., (1977). Sistema de apoio à decisão para o tratamento de resíduos especiais. Tese, para obtenção do grau de doutor, Ciência e Tecnologia dos Resíduos, Lyon, 313 p
4. Lounnas, A., 2008, Melhoria dos processos de clarificação da água na estação de Hamadi-Kroma em Skikda, Argélia. Dissertação de mestrado, Universidade de 20 de agosto de 1955 Skikda, p120
5. MENOUER S, TAIBI S., (2014). Estudo da qualidade das descargas de líquidos industriais a jusante do complexo GL1/Z. Tese de Projeto de Fim de Curso. Gestão de Resíduos e Poluição do Ecossistema. Universidade de Ciência e Tecnologia Mohamed Boudiaf de Oran. 63 p.
6. Ouikene N., (2011).Estudo de um tratamento biológico de águas residuais de origem doméstica (ponte de velas) e do tratamento de águas residuais de uma estação de lavagem e lubrificação de veículos (tizi-rached).Memória de engenheiro em ecologia vegetal e ambiente

ANEXO

Figura n° 1: Descargas cheias de escória de Pharmakina a cerca de 5 m da sua descarga no lago Kivu

MIX
Papier aus verantwortungsvollen Quellen
Paper from responsible sources
FSC® C105338

Printed by Books on Demand GmbH, Norderstedt / Germany